微信小程序开发1+X证书制度系列教材

# 微信小程序开发

(中级)

主　编　腾讯云计算(北京)有限责任公司
副主编　王贤辰　戴信佳　来继敏　张宝升　陈要求
主　审　冯　杰

电子工业出版社
Publishing House of Electronics Industry
北京·BEIJING

## 内容简介

本书是腾讯云计算（北京）有限责任公司开发的"1+X"职业技能等级证书微信小程序开发（中级）的配套教材，是一本基于"项目导向，任务驱动"教学理念的实用性教材。本书突出职业教育教学改革思路，围绕小程序开发人员工作任务的实施过程来组织内容。

本书共 8 个项目，项目 1～3 主要讲解 HTML 列表和表单、CSS 美化网页、JavaScript 基础知识和常用方法；项目 4 介绍 HTML5 新增语义化元素、增强元素和多媒体元素、CSS3 移动端适配、Ajax 基础知识；项目 5 介绍分享功能和常用 API；项目 6 介绍模块化开发、地图组件、版本管理工具、真机联调、更新及数据分析；项目 7 介绍云开发基础知识；项目 8 介绍 CSS 动画的使用规则和媒体 API 的使用方法。部分项目细分为若干个任务，每个任务配有"实操视频"和"知识点微课"，实现理实一体化。

本书可作为中高职、应用型本科院校移动互联及计算机相关专业的教材，也可作为移动互联应用开发人员的自学指导书和社会培训用书。

未经许可，不得以任何方式复制或抄袭本书之部分或全部内容。
版权所有，侵权必究。

**图书在版编目（CIP）数据**

微信小程序开发．中级 / 腾讯云计算（北京）有限责任公司主编．— 北京：电子工业出版社，2022.2
（2025.2 重印）
ISBN 978-7-121-42897-5

Ⅰ．①微… Ⅱ．①腾… Ⅲ．①移动终端－应用程序－程序设计－高等学校－教材 Ⅳ．① TN929.53

中国版本图书馆 CIP 数据核字（2022）第 022087 号

责任编辑：朱怀永　特约编辑：付　晶
印　　刷：固安县铭成印刷有限公司
装　　订：固安县铭成印刷有限公司
出版发行：电子工业出版社
　　　　　北京市海淀区万寿路 173 信箱　邮编 100036
开　　本：787×1092　1/16　印张：15.75　字数：396.8 千字
版　　次：2022 年 2 月第 1 版
印　　次：2025 年 2 月第 4 次印刷
定　　价：49.00 元

凡所购买电子工业出版社图书有缺损问题，请向购买书店调换。若书店售缺，请与本社发行部联系，联系及邮购电话：（010）88254888，88258888。
质量投诉请发邮件至 zlts@phei.com.cn，盗版侵权举报请发邮件至 dbqq@phei.com.cn。
本书咨询联系方式：（010）88254608 或 zhy@phei.com.cn。

# 前　言

为贯彻《国家职业教育改革实施方案》，落实 1+X 证书制度试点工作有关政策要求，腾讯云计算（北京）有限责任公司发挥在微信小程序开发领域积累的技术优势和人才培养培训经验，与高校开展校企合作，并开发系列教材。

本书是微信小程序开发"1+X"职业技能等级证书（中级）的配套教材。本书配套教学资源丰富，包括教学 PPT、授课计划、大纲、题库、操作视频等，可以供学习者下载或在线观看。

本书在整理众多编写人员企业项目开发、课程建设、技能竞赛等方面的经验并理顺微信小程序开发人员所需的知识和技能的基础上编写而成。本书突出职业教育教学改革思路，围绕工作任务的实际实施过程来组织内容。本书中的项目由企业研发过程的案例提炼而来，重在培养读者分析问题和解决问题的能力。对应项目的教学 PPT 和操作视频可以通过扫描书中的二维码获取和观看。

本书由腾讯云计算（北京）有限责任公司主编，深圳职业技术学院王贤辰、深圳市第一职业技术学校戴佳信、河北软件职业技术学院来继敏、东莞市信息技术学校张宝升、佛山市顺德区陈登职业技术学校陈要求担任副主编，咸阳职业技术学院党世红、佛山市南海区信息技术学校党天丞、东莞市信息技术学校李丹、佛山市顺德区陈登职业技术学校黄永杰、腾讯云计算（北京）有限责任公司李翔和陈建凤参与编写，腾讯云计算（北京）有限责任公司冯杰担任主审。本书在编写过程中参考了大量书籍和技术文献，在此对原编写人员表示感谢。限于时间仓促，书中难免存在不足之处，请广大读者批评指正。

编者
2021 年 9 月

# 目 录

## 项目1 制作课程信息管理系统

项目情景 ································································· 002
项目分析 ································································· 002
学习目标 ································································· 003
　（一）知识目标 ······················································ 003
　（二）技能目标 ······················································ 003
　（三）素质目标 ······················································ 003
知识准备 ································································· 004
　1. HTML列表元素 ················································· 004
　2. HTML表单元素 ················································· 006
　3. HTML框架元素 ················································· 009
项目实践 ································································· 012
　1. 搭建页面主体结构和内容 ···································· 012
　2. 创建form表单和搜索框 ······································· 014
　3. 创建班级列表 ··················································· 014
　4. 制作课程表子页面 ············································· 014
　5. 使用<iframe>标签导入表格 ································· 016
　6. 为课程添加超链接，进入课程详情页面 ················· 017
项目拓展 ································································· 018

## 项目2 设计Web博客

项目情景 ································································· 020
项目分析 ································································· 020
学习目标 ································································· 021
　（一）知识目标 ······················································ 021
　（二）技能目标 ······················································ 021
　（三）素质目标 ······················································ 021
知识准备 ································································· 021
　1. flex弹性布局 ···················································· 021
　2. 边框属性 ························································· 028
　3. linear-gradient属性 ············································ 033

项目实践 ··································································· 039
    1. 搭建页面主页结构 ··················································· 039
    2. 搭建页面主体内容 ··················································· 039
    3. 添加正文内容 ······················································· 040
    4. 美化微博话题 ······················································· 042
    5. 对微博话题的字体进行美化 ·········································· 043
    6. 对微博话题的背景色进行美化 ········································ 043
项目拓展 ··································································· 044

## 项目3　制作网页计算器

项目情景 ··································································· 046
项目分析 ··································································· 046
学习目标 ··································································· 047
    （一）知识目标 ······················································· 047
    （二）技能目标 ······················································· 047
    （三）素质目标 ······················································· 047
知识准备 ··································································· 047
    1. JavaScript文件引入方式 ············································ 047
    2. JS字符串常用方法 ·················································· 049
    3. 数组常用方法 ······················································ 054
    4. 获取DOM ·························································· 059
    5. js单击事件 ························································· 061
项目实践 ··································································· 063
    1. HTML布局 ························································· 063
    2. CSS添加样式 ······················································· 064
    3. JavaScript计算 ····················································· 066
    4. 扩展功能（验证正则表达式） ········································ 070
项目拓展 ··································································· 072

## 项目4　制作天气预报网

项目情景 ··································································· 074
项目分析 ··································································· 074

学习目标 ………………………………………………… 074
 （一）知识目标 ……………………………………… 074
 （二）技能目标 ……………………………………… 075
 （三）素质目标 ……………………………………… 075
任务1 完成天气预报页面内容 …………………………… 075
任务描述 ………………………………………………… 075
知识准备 ………………………………………………… 075
 1. HTML5新增语义化元素 …………………………… 075
 2. HTML5页面增强元素 ……………………………… 083
 3. HTML5多媒体元素 ………………………………… 083
任务实施 ………………………………………………… 085
 1. 制作页面结构 ……………………………………… 085
 2. 搭建主体内容 ……………………………………… 085
任务拓展 ………………………………………………… 088
任务2 为天气预报页面进行移动端适配 ………………… 089
任务描述 ………………………………………………… 089
知识准备 ………………………………………………… 089
 1. 视口（viewport）应用 ……………………………… 089
 2. 媒体查询 …………………………………………… 091
 3. CSS单位 …………………………………………… 093
任务实施 ………………………………………………… 093
任务拓展 ………………………………………………… 097
任务3 天气预报网页获取后台动态数据 ………………… 097
任务描述 ………………………………………………… 097
知识准备 ………………………………………………… 098
 1. Ajax简介 …………………………………………… 098
 2. Ajax访问服务器的方法 …………………………… 098
 3. JavaScript操作DOM的方法 ……………………… 099
任务实施 ………………………………………………… 099
 1. 准备服务器端接口页面 …………………………… 099
 2. 修改客户端index.html页面 ……………………… 100
 3. 查看浏览效果 ……………………………………… 101
任务拓展 ………………………………………………… 102

# 项目5　制作分享小程序

- 项目情景 …………………………………………… 104
- 项目分析 …………………………………………… 104
- 学习目标 …………………………………………… 104
  - （一）知识目标 ………………………………… 104
  - （二）技能目标 ………………………………… 105
  - （三）素质目标 ………………………………… 105
- 知识准备 …………………………………………… 105
  1. 小程序分享功能基础 ………………………… 105
  2. chooseImage方法 …………………………… 107
  3. uploadFile方法 ……………………………… 108
  4. request方法 ………………………………… 110
  5. 配置域名 …………………………………… 111
- 项目实践 …………………………………………… 113
  1. 创建项目并开发完整的ToDoList项目 ……… 113
  2. 开发分享功能 ……………………………… 114
  3. 用户上传图片 ……………………………… 116
  4. 用户自定义图片分享 ……………………… 118
  5. 完整JS代码 ………………………………… 118
- 任务拓展 …………………………………………… 119

# 项目6　制作进阶版分享小程序

- 项目情景 …………………………………………… 122
- 项目分析 …………………………………………… 122
- 学习目标 …………………………………………… 122
  - （一）知识目标 ………………………………… 122
  - （二）技能目标 ………………………………… 122
  - （三）素质目标 ………………………………… 123
- 任务1　制作进阶版分享小程序 …………………… 123
- 任务描述 …………………………………………… 123
- 知识准备 …………………………………………… 123
  1. 注册友盟账户 ……………………………… 123

2. 开通微信地图 ·················· 125
　　3. getLocation方法 ················ 126
　　4. showToast方法 ················· 128
　　5. navigateTo方法 ················· 129
　　6. map组件 ····················· 130
任务实施 ························· 133
　　1. 友盟对接 ····················· 133
　　2. 使用地图扩展功能开发 ············· 137
　　3. 组件的封装 ··················· 142
**任务2　朋友圈小程序的发布与运维** ········ 144
任务描述 ························· 144
知识准备 ························· 144
　　1. 版本管理工具 ·················· 144
　　2. npm支持 ····················· 150
　　3. 真机联调 ····················· 156
　　4. 小程序更新机制 ················· 162
任务实施 ························· 163
　　1. 发布小程序 ··················· 163
　　2. 小程序数据统计 ················· 166
　　3. 友盟数据统计 ·················· 167
任务拓展 ························· 168

## 项目7　制作云数据库版和云函数版朋友圈小程序

项目情景 ························· 170
项目分析 ························· 170
学习目标 ························· 170
（一）知识目标 ····················· 170
（二）技能目标 ····················· 170
（三）素质目标 ····················· 170
**任务1　制作云数据库版朋友圈小程序** ······ 171
任务描述 ························· 171
知识准备 ························· 171
　　1. 云开发概述和开通流程 ············· 171

IX

  2. 数据库基础 …………………………………… 172
  3. 操作数据库 …………………………………… 174
  4. 文件存储 ……………………………………… 184
  5. 调试工具 ……………………………………… 186
任务实施 …………………………………………… 187
  1. 上传图片至云存储 …………………………… 187
  2. 保存图片地址 ………………………………… 189
任务2 制作云函数版朋友圈小程序 …………… 215
任务描述 …………………………………………… 189
知识准备 …………………………………………… 190
  1. 云函数基础 …………………………………… 190
  2. 云函数的配置 ………………………………… 190
  3. 云函数调试 …………………………………… 193
  4. 云函数常用SDK文档 ………………………… 194
任务实施 …………………………………………… 201
  1. 云函数创建 …………………………………… 201
  2. 云函数操作数据库 …………………………… 203
  3. 获取用户手机号 ……………………………… 205
  4. 云函数的调试 ………………………………… 209
任务拓展 …………………………………………… 211

## 项目8 制作音乐播放器

项目情景 …………………………………………… 214
项目分析 …………………………………………… 214
学习目标 …………………………………………… 215
 （一）知识目标 …………………………………… 215
 （二）技能目标 …………………………………… 215
 （三）素质目标 …………………………………… 215
知识准备 …………………………………………… 215
  1. 媒体组件——audio …………………………… 215
  2. slider组件 …………………………………… 218
  3. 音频API——getBackgroundAudioManager … 219

**项目实践** ……………………………………………………… 222
 1. 创建项目和初始化项目 ……………………………… 222
 2. 音乐播放列表展示 …………………………………… 224
 3. 播放页面的展示 ……………………………………… 227
 4. 初始化播放器 ………………………………………… 231
 5. 播放器销毁 …………………………………………… 235
 6. 播放器暂停和播放 …………………………………… 235
 7. 播放拖曳 ……………………………………………… 236
 8. 音乐播放切换控制 …………………………………… 237
**项目拓展** ……………………………………………………… 238

**参考文献** ……………………………………………………… 239

# 项目 1

## 制作课程信息管理系统

项目教学PPT

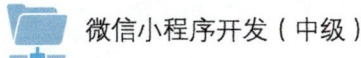

本项目设计一个课程信息管理系统,让学生能实时简单地查询自己的课程信息。

制作课程网站页面,包含课表管理页面(sub_manage.html)和课程表页面(tableA.html、tableB.html)。

① 课表管理页面。课表管理页面分为 3 个部分,页面顶部是搜索栏,页面中间是班级标签列表,页面下方是课程表。

② 课程表页面。课程表页面有两个,分别显示 A 班和 B 班的课程表。

③ 页面关系。两个课程表页面是课表管理页面的子页面,在列表中单击不同的班级会切换至对应班级的课程表页面,标签是嵌入课表管理页面中的。

课程表页面效果如图 1-1 所示。

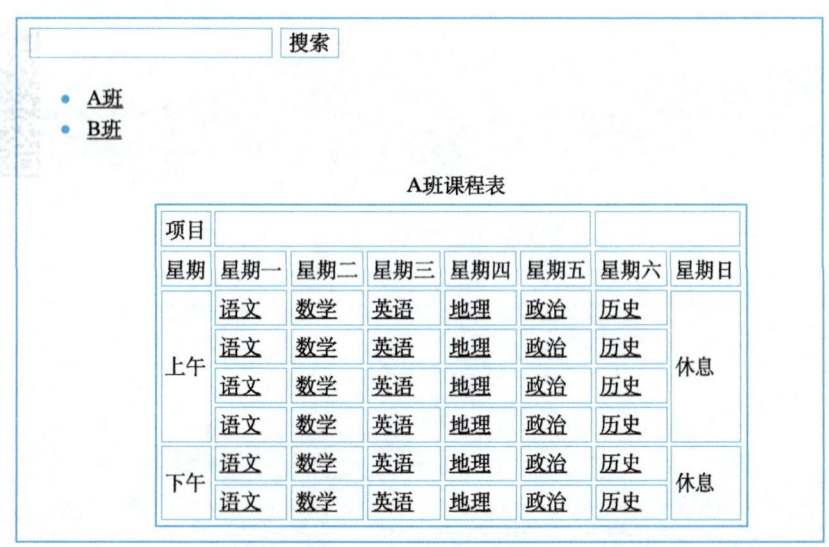

图 1-1　课程表页面效果

单击课程表的课程标题超链接,进入课程详情页面,页面结构如图 1-2 所示。

项目1 制作课程信息管理系统

图 1-2 课程详情页面结构

## 学习目标

### （一）知识目标

（1）掌握 HTML 美化网页的技术；
（2）掌握 HTML 中 iframe 框架的定义和功能。

### （二）技能目标

（1）能够正确使用 iframe 框架和图形标签框架；
（2）能够综合运用 HTML 美化网页技术。

### （三）素质目标

通过学习列表、表单、框架技术，培养学生对数据进行整理分类的意识，培养学生感知、欣赏数据简洁美的能力。

### 1. HTML 列表元素

通常人们会将相关信息以列表形式放在一起,这样会使内容显得更加有条理性,HTML 提供了三种列表模式。

（1）无序列表

无序列表的每一项前缀都显示为图形符号,用 ul 定义无序列表,用 li 定义列表项,用 ul 的 type 属性定义图形符号的样式。属性值为 disc（实心圆）、square（方块）、circle（空心圆）、none（无）等。由于实际使用并不美观,因此通常使用 CSS 指定前缀样式。

无序列表应用编程示例如下：

```html
<!DOCTYPE html>
<html lang="en">
<head>
  <meta charset="UTF-8">
  <meta http-equiv="X-UA-Compatible" content="IE=edge">
  <meta name="viewport" content="width=device-width, initial-scale=1.0">
  <title>Document</title>
</head>
<body>
  <ul type="circle">
    <li> 苹果 </li>
    <li> 香蕉 </li>
  </ul>
  <ul type="square">
    <li> 苹果 </li>
    <li> 香蕉 </li>
  </ul>
  <ul type="disc">
    <li> 苹果 </li>
    <li> 香蕉 </li>
  </ul>
  <ul type="none">
    <li> 苹果 </li>
    <li> 香蕉 </li>
  </ul>
</body>
</html>
```

项目1 制作课程信息管理系统

无序列表浏览器运行效果如图 1-3 所示。

（2）有序列表

有序列表的前缀通常是数字或者字母，用 ol 定义有序列表，用 li 定义列表项。同样，用 ol 的 type 属性定义图形符号的样式，属性值为 1（数字）、A（大写字母）、I（大写罗马数字）、a（小写字母）、i（小写罗马数字）等，ol 还可以通过 start 属性定义序号的开始位置。

有序列表应用编程示例如下：

○ 苹果
○ 香蕉

■ 苹果
■ 香蕉

● 苹果
● 香蕉

苹果
香蕉

图 1-3　无序列表浏览器运行效果

```html
<!DOCTYPE html>
<html lang="en">
<head>
  <meta charset="UTF-8">
  <meta http-equiv="X-UA-Compatible" content="IE=edge">
  <meta name="viewport" content="width=device-width, initial-scale=1.0">
  <title>Document</title>
</head>
<body>
  <ol type="A">
    <li> 苹果 </li>
    <li> 香蕉 </li>
  </ol>
  <ol type="I">
    <li> 苹果 </li>
    <li> 香蕉 </li>
  </ol>
  <ol type="a">
    <li> 苹果 </li>
    <li> 香蕉 </li>
  </ol>
  <ol type="i">
    <li> 苹果 </li>
    <li> 香蕉 </li>
  </ol>
  <ol type="1">
    <li> 苹果 </li>
    <li> 香蕉 </li>
  </ol>
</body>
</html>
```

005

有序列表浏览器运行效果如图 1-4 所示：

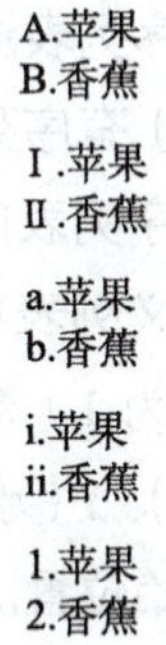

### 2. HTML 表单元素

在实际使用中，经常会遇到账号注册、账号登录、搜索、用户调查等情景，大部分网站在这些问题上使用 HTML 表单与用户进行交互。

表单元素允许用户在表单中输入内容，如文本框、文本域、单选框、复选框、下拉框、按钮等。当用户信息填写完毕后，进行提交操作，然后表单可以将用户在浏览时输入的数据传送到服务器端，这样服务器端程序就可以处理表单传过来的数据。

A.苹果
B.香蕉

Ⅰ.苹果
Ⅱ.香蕉

a.苹果
b.香蕉

i.苹果
ii.香蕉

1.苹果
2.香蕉

图 1-4　有序列表浏览器运行效果

网页内的表单是由 <form> 标签定义的，其他的表单控件元素必须放在 <form> 标签内部，否则，单击 submit 按钮提交时会丢失参数。<form> 标签的基本属性及描述如表 1-1 所示。

表 1-1　<form> 标签的基本属性及描述

| 属性 | 值 | 描述 |
| --- | --- | --- |
| action | URL 路径 | 必需属性，规定当提交表单时向何处发送表单数据 |
| method | get 或 post | 必需属性，规定用于发送 form-data 的 HTTP 方法 |

注：表单空间基本上都支持全局标准属性和全局事件属性。

<form> 标签语法格式如下：

```
<form action=" 提交地址 " method=" 提交方式 "> 表单内容 </form>
```

<form> 标签中通常会有很多子元素，用来定义各种交互控件，常用的有 input、select 等。这些表单控件元素必须放在 form 标签内部。

（1）input 元素

input 是一个单标签元素，input 可定义输入域的开始，在其中用户可输入数据。对于大部分的表单控件，可以使用 input 元素来进行定义，其中包括文本字段、多选列表、可单击的图像和提交按钮等。

虽然 input 元素中有许多属性，但是只有 type 属性和 name 属性是必需的（提交或重置按钮只有 type 属性）。input 元素的常用属性及描述如表 1-2 所示。

表 1-2　input 元素的常用属性及描述

| 属性 | 值 | 描述 |
| --- | --- | --- |
| type | button、check、box、file、hidden、image、password、radio、reset、submit、text（默认值） | 必需属性，用于规定 input 元素的类型 |
| name | 只有设置了 name 属性的表单元素才能在提交表单时传递它们的值 | 必需属性，用于定义 input 元素的唯一名称，用于对提交到服务器的表单数据进行标识，或者在客户端通过 JavaScript 引用表单数据 |

注：name 属性必须与 type="button"、type="checkbox"、type="file"、type="hidden"、type="image"、type="password"、type="text" 及 type="radio" 一同使用。

input 元素应用编程示例如下：

```
<!DOCTYPE html>
<html>
  <head>
    <meta charset="utf-8" />
    <title> 表单标签应用练习 </title>
  </head>
  <body>
    <form action="#" method="get" >
      用户名：<input type="text" name="UserName" value=" 请输入用户名 " /><br />
      密码：<input type="password" name="PassWord" /><br />
      特长：
      <input type="checkbox" value=" 人美 " name="Specialty" />人美
      <input type="checkbox" value=" 心善 " name="Specialty" />心善
      <input type="checkbox" value=" 性格好 " name="Specialty" />性格好
      <input type="checkbox" value=" 腿长 " name="Specialty" />腿长
       <input type="checkbox" value=" 哪都好 " name="Specialty" />哪儿都好
      <br/>
      性别：
      <input type="radio" value=" 男 " name="Sex" />男
      <input type="radio" value=" 女 " name="Sex" />女
      <br/>
      出生日期：<input type="date" name="birthday" /><br/>
      Email:<input type="email" name="email" /><br/>
      出生地：<select name="birth place">
         <option value=" 选择项 ">选择项 </option><br/>
```

```html
            <option value="陕西省">陕西省</option><br/>
            <option value="山东省">山东省</option><br/>
            <option value="北京">北京</option><br/>
            <option value="广东省">广东省</option><br/>
            <option value="黑龙江省">黑龙江省</option><br/>
            <option value="吉林省">吉林省</option><br/>
        </select>
        <select name="birth place">
            <option value="选择项">选择项</option><br/>
            <option value="西安市">西安市</option><br/>
            <option value="咸阳市">咸阳市</option><br/>
            <option value="渭南市">渭南市</option><br/>
            <option value="宝鸡市">宝鸡市</option><br/>
            <option value="安康市">安康市</option><br/>
            <option value="延安市">延安市</option><br/>
        </select>
        <br/>
        上传文件信息：<input type="file" name="beizhuwenjianxinxi" /><br/>
        备注信息：<textarea name="note" rows="10" cols="30">
            如有问题可备注：


        </textarea><br/>
        <input type="submit" name="submit" /><br/>
        <button>已有账号？登录</button>
    </form>

    </body>
</html>
```

（2）select 元素

select 元素用来创建下拉列表。select 元素中的 <option> 标签定义了列表中的可用选项。

select 元素应用编程示例如下：

```html
<!DOCTYPE html>
<html lang="en">
```

项目1 制作课程信息管理系统

```
<head>
    <meta charset="UTF-8">
    <meta http-equiv="X-UA-Compatible" content="IE=edge">
    <meta name="viewport" content="width=device-width, initial-scale=1.0">
    <title>框架集</title>
</head>
<select>
    <option value="volvo">Volvo</option>
    <option value="saab">Saab</option>
    <option value="mercedes">Mercedes</option>
    <option value="audi">Audi</option>
</select>
</html>
```

### 3. HTML 框架元素

1）frameset 元素

frameset 元素定义一个框架集，用于组织多个窗口（框架），每个框架可包含独立的 HTML 文档。

（1）语法格式

```
<frameset>...</frameset>
```

（2）属性

● cols 使用"像素值"和"%"分割左右窗口，"*"表示剩余部分。若使用"*,*,*"则表示将框架平均分成3个部分。若使用"*,*"则表示将框架平均分成2个部分。

● rows 使用"像素值"和"%"分割上下窗口，"*"表示剩余部分。

● framborder 指定是否显示边框。<framborder="0"> 表示不显示；<framborder="1"> 表示显示。

● border 用于设置边框的大小，默认值为 5px。

2）frame 元素

<frame> 子窗口标签是一个单标签。frame 元素是定义在 <frameset> 标签中的一个特定的窗口。在 <frameset> 中设置几个窗口，就必须对应使用几个 <frame> 框架，而且必须使用 src 属性指定一个网页。

（1）语法格式

```
<frame 属性=" 属性值 ">
```

（2）属性
- src：该属性定义需要显示的 HTML 文档。
- frameborder：该属性定义框架集的外边框，属性值为 0 或者 1。
- scrolling：该属性定义是否显示滚动条，有 yes、no 和 auto 三个属性值。
- norsize：该属性定义该框架无法调整大小，非默认值，默认是可调整大小的。
- marginheigh 和 marginwidth：定义上下左右的边距。

3）noframe 元素

noframe 元素用于为那些不支持框架集的浏览器显示文本，它位于 <frameset> 标签内部。

4）iframe 元素

iframe 元素用在 boy 元素中，用于创建包含另外一个文档的内联框架（行内框架）。它有开始标签和结束标签，可以将普通文本放入并且作为元素的内容，可以在遇到不支持 iframe 元素的浏览器，显示提示告知用户。

iframe 支持全局标准属性和全局事件属性，另外，它的属性 src、frameborder、scrolling、marginheight、marginwidth 与 frame 元素相同，但又增加了以下几个属性。

- width：定义了框架集的宽度。
- height：定义了框架集的高度。

5）框架集搭建

框架集塔建编程示例如下：

```html
<!DOCTYPE html>
<html lang="en">
<head>
  <meta charset="UTF-8">
  <meta http-equiv="X-UA-Compatible" content="IE=edge">
  <meta name="viewport" content="width=device-width, initial-scale=1.0">
  <title>框架集</title>
</head>
<frameset cols="25%,50%,25%">
  <frame src="https://www.w3school.com.cn/tags/tag_frame.asp" scrolling="no" noresize="noresize"></frame>
```

项目1 制作课程信息管理系统

```
    <frame src="https://www.baidu.com/"></frame>
    <frame src="https://www.w3school.com.cn/tags/tag_frame.asp"></frame>
</frameset>
</html>
```

（1）运行效果

运行效果如图 1-5 所示。

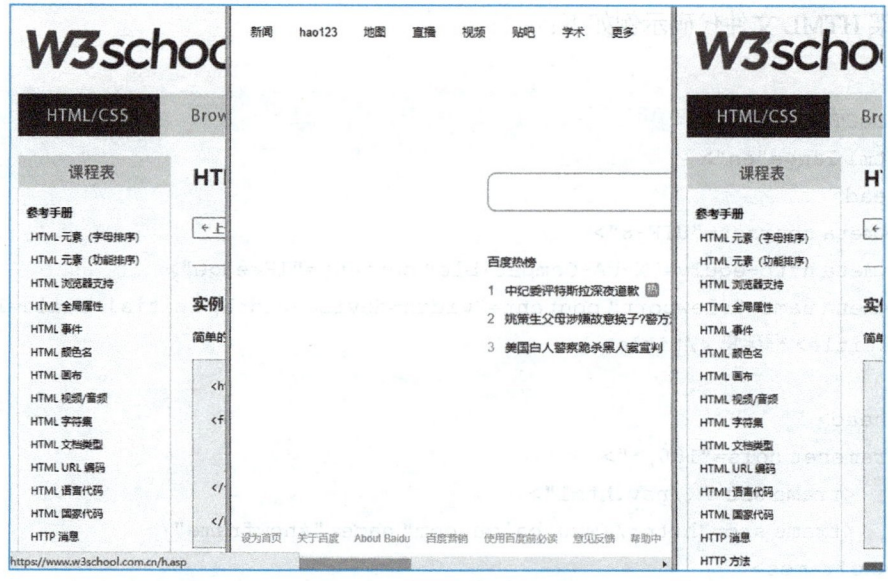

图 1-5　HTML 运行效果

（2）导航框架集代码

先编写一个 nav 导航页面程序，这里的 target 指向的是第二个框架集的 name 属性。导航框架集代码示例如下：

```
<!DOCTYPE html>
<html lang="en">
<head>
  <meta charset="UTF-8">
  <meta http-equiv="X-UA-Compatible" content="IE=edge">
  <meta name="viewport" content="width=device-width, initial-scale=1.0">
  <title>Document</title>
</head>
```

011

```
<body>
  <a href="http://www.baidu.com" target="showframe">百度</a><br>
  <a href="http://www.taobao.com" target="showframe">天猫</a><br>
  <a href="http://www.sina.com" target="showframe">新浪</a>
</body>
</html>
```

（3）框架 HTML 文件代码

框架 HTML 文件代码示例如下：

```
<!DOCTYPE html>
<html lang="en">
<head>
  <meta charset="UTF-8">
  <meta http-equiv="X-UA-Compatible" content="IE=edge">
  <meta name="viewport" content="width=device-width, initial-scale=1.0">
  <title>框架集</title>

</head>
<frameset cols="100,*">
    <frame src="./nav.html">
    <frame src="http://www.baidu.com" name="showframe"/>
<noframes>
    <body>
        您的浏览器无法处理框架，请更换浏览器打开
    </body>
</noframes>
</frameset>
</html>
```

运行效果如图 1-6 所示。

项目操作视频

1. 搭建页面主体结构和内容

创建课程网站首页文件 sub_manage.html，通过 <head>、<body>、<form> 窗体顶端、

项目1　制作课程信息管理系统

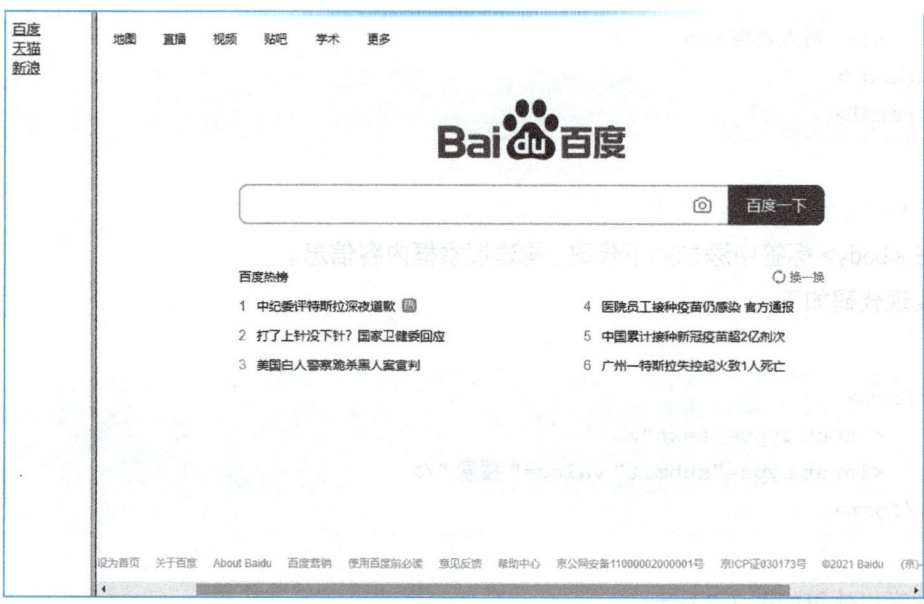

图 1-6　HTML 运行效果

<ul>、<iframe> 等标签搭建页面主体结构，<head> 是头部标记，<body> 中显示页面内容，<form> 窗体顶端是搜索栏，<ul> 用来展示班级列表，<iframe> 用于导入课程表表格。

实现代码如下：

```
<!DOCTYPE html>
<html>
<head>
    <meta charset="utf-8">
    <title>课程网站</title>
</head>
<body>
    <form>
        <input type="text">
        <input type="submit" value=" 搜索 "/>
    </form>
    <ul><!-- 展示班级列表 -->
        <li><a href="tableA.html" target="content_table">A 班 </a></li>
        <li><a href="tableB.html" target="content_table">B 班 </a></li>
    </ul>
    <iframe name="content_table" frameborder="0" width="600" height="600" scrolling="no" src="tableA.html"></iframe>
```

013

```
    <!-- 导入表格 -->
</body>
</html>
```

### 2. 创建 form 表单和搜索框

在 <body> 标签中添加如下代码，构建搜索框内容信息。

实现代码如下：

```
<form>
    <input type="text">
    <input type="submit" value=" 搜索 "/>
</form>
```

搜索栏效果如图 1-7 所示。

图 1-7  搜索栏效果

### 3. 创建班级列表

在搜索框下顺序添加程序代码，创建班级列表内容。

实现代码如下：

```
<ul><!-- 展示班级列表 -->
    <li><a href="tableA.html" target="content_table">A 班</a></li>
    <li><a href="tableB.html" target="content_table">B 班</a></li>
</ul>
```

### 4. 制作课程表子页面

创建 A 班课程表子页面文件 tableA.html，通过 <table> 表格标签搭建课程表的主体结构和课程表表格，用相同方法构建 tableB.html 子页面。

实现代码如下：

```html
<table border="3px" align="center">
    <caption>A 班课程表 </caption>
    <tr>
        <th> 项目 </th>
        <!-- 使用表格的 colspan 属性合并列,"上课"这一格共跨越 5 列 -->
        <th colspan="5" align="center"> 上课 </th>
        <!-- 使用表格的 colspan 属性合并列,"休息"这一格共跨越 2 列 -->
        <th colspan="2" align="center"> 休息 </th>
        <!-- 在合并表格的列时,使用 colspan 属性后应删除一行中多出来的单元格 -->
    </tr>
    <tr>
        <td> 星期 </td>
        <td> 星期一 </td>
        <td> 星期二 </td>
        <td> 星期三 </td>
        <td> 星期四 </td>
        <td> 星期五 </td>
        <td> 星期六 </td>
        <td> 星期日 </td>
    </tr>
    <tr>
        <td rowspan="4"> 上午 </td>
        <td><a href=" "> 语文 </a></td>
        <td><a href=" "> 数学 </a></td>
        <td><a href=" "> 英语 </a></td>
        <td><a href=" "> 地理 </a></td>
        <td><a href=" "> 政治 </a></td>
        <td><a href=" "> 历史 </a></td>
        <td rowspan="4"> 休息 </td>
    </tr>
    <tr>
        <td><a href=" "> 语文 </a></td>
        <td><a href=" "> 数学 </a></td>
        <td><a href=" "> 英语 </a></td>
        <td><a href=" "> 地理 </a></td>
        <td><a href=" "> 政治 </a></td>
        <td><a href=" "> 历史 </a></td>
    </tr>
```

```html
<tr>
    <td><a href=" ">语文</a></td>
    <td><a href=" ">数学</a></td>
    <td><a href=" ">英语</a></td>
    <td><a href=" ">地理</a></td>
    <td><a href=" ">政治</a></td>
    <td><a href=" ">历史</a></td>
</tr>
<tr>
    <td><a href=" ">语文</a></td>
    <td><a href=" ">数学</a></td>
    <td><a href="">英语</a></td>
    <td><a href=" ">地理</a></td>
    <td><a href=" ">政治</a></td>
    <td><a href=" ">历史</a></td>
</tr>
<tr>
    <td rowspan="2">下午</td>
    <td><a href=" ">语文</a></td>
    <td><a href=" ">数学</a></td>
    <td><a href=" ">英语</a></td>
    <td><a href=" ">地理</a></td>
    <td><a href=" ">政治</a></td>
    <td><a href=" ">历史</a></td>
    <td rowspan="2">休息</td>
</tr>
<tr>
    <td><a href="">语文</a></td>
    <td><a href=" ">数学</a></td>
    <td><a href=" ">英语</a></td>
    <td><a href=" ">地理</a></td>
    <td><a href=" ">政治</a></td>
    <td><a href=" ">历史</a></td>
</tr>
</table>
```

**5. 使用 \<iframe\> 标签导入表格**

课程表是一个单独的文件，通过在课程信息管理页面加入标签，可以将课程表导入进来。利用标签的 src 属性导入表格页面，使用标签自带的属性美化标签在页面中的显示效果。

实现代码如下：

```html
<iframe name="content_table" frameborder="0" width="600" height="600" scrolling="no" src="tableA.html"></iframe>
```

6. 为课程添加超链接，进入课程详情页面

（1）单击课程可进入课程详情页面。

实现代码如下：

```html
<tr>
    <td><a href="sub1.html">语文</a></td>
    <td><a href="sub2.html">数学</a></td>
    <td><a href="sub3.html">英语</a></td>
    <td><a href="sub4.html">地理</a></td>
    <td><a href="sub5.html">政治</a></td>
    <td><a href="sub6.html">历史</a></td>
</tr>
```

（2）详情页面内容。

详情页中使用段落标签 <p> 和图像标签 <img> 展示内容。

实现代码如下：

```html
<!DOCTYPE html>
<html>
<head>
    <title>课程详情页</title>
</head>
<body>
    <h3>语文课程详情页面</h3>
    <img src="" width="50">
    <p>授课老师：语文老师</p>
    <p>教材：第一版</p>
    <p>年级：五年级</p>
```

```
            <p>学期：上学期</p>
            <p>课程简介：语文是语言文学、语言文章或语言文化的简称</p>
    </body>
</html>
```

 项目拓展

在本项目的基础上使用标签属性美化并且充实页面主体内容，使页面内容更加饱满与美观。

# 项目 2

## 设计 Web 博客

项目教学PPT

## 微信小程序开发（中级）

 项目情景

博客，又称微博，是继 MSN、BBS、ICQ 之后的一种新的网络交流形式，方便人们在网络上发布新闻、不定期更新文章、发表对问题的观点和看法等。博客上的文章通常以网页形式出现，根据张贴时间，以倒序排列，方便用户查阅，为人们的生活、工作和学习带来便利。

项目分析

本项目是设计一个提供新闻资讯的博客，让用户随时随地发现新鲜事。微博网页效果如图 2-1 所示。

所设计的微博首页，主要包括以下几个方面的内容。

（1）搜索栏：包括 1 个文本框和 1 个按钮，在文本框输入搜索关键词后，单击"提交"按钮，根据关键词搜索微博。

（2）导航栏：包括"热门""头条"和"新鲜事"3 个分类导航。

（3）微博话题栏：显示微博话题列表，每个列表项中包括微博内容、发布时间、头像、收藏数和转发数等信息。

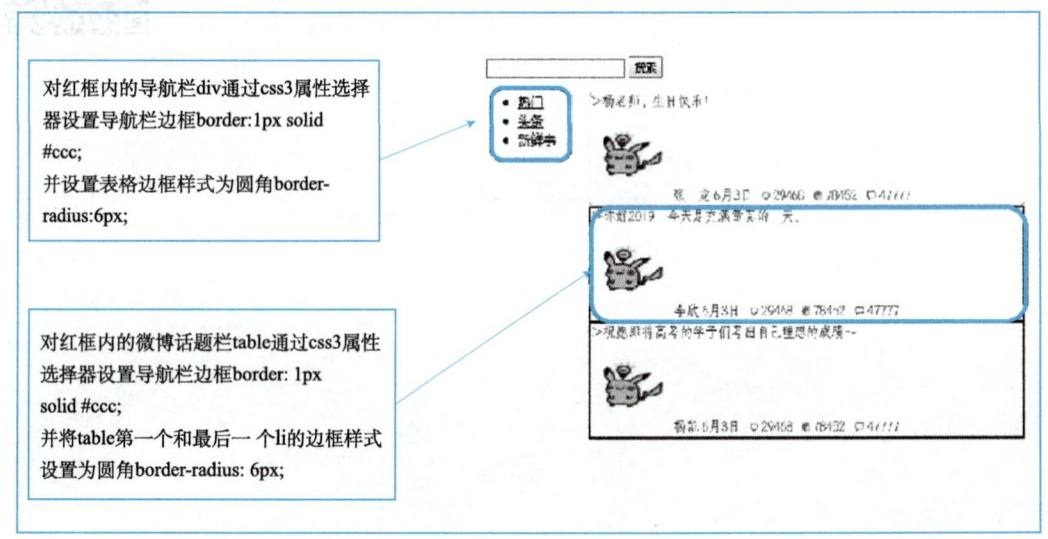

图 2-1　博客网页效果

## （一）知识目标

（1）掌握 CSS3 新增选择器的用法；
（2）理解 CSS3 新增属性。

## （二）技能目标

（1）能够正确运用 CSS3 新增选择器完成样式的引入；
（2）能够运用 CSS3 新增属性美化页面效果。

## （三）素质目标

（1）具备 Web 前端网页美化意识；
（2）培养网页开发的标准意识。

### 1. flex 弹性布局

1）flex 布局

flex 是"flexible box"的缩写，意为"弹性布局"，用来为盒子模型提供最大的灵活性。任何一个容器都可以指定为 flex。

（1）flex 布局的语法格式

flex 布局的语法格式如下：

```
.box{
    display: flex;}
```

（2）行内元素 flex 布局

行内元素 flex 布局的语法格式如下：

```
.box{
    display: inline-flex;}
```

（3）Webkit 内核的浏览器，必须加上-webkit 前缀
语法格式如下：

```
.box{
    display: -webkit-flex; /* Safari */
    display: flex;}
```

注：设为 flex 布局以后，子元素的 float、clear 和 vertical-align 属性将失效。
2）基本概念
采用 flex 布局的元素，称为 flex 容器（flex container），简称容器。它的所有子元素自动成为容器成员，称为 flex 项目（flex item），简称项目。flex 容器的结构如图 2-2 所示。

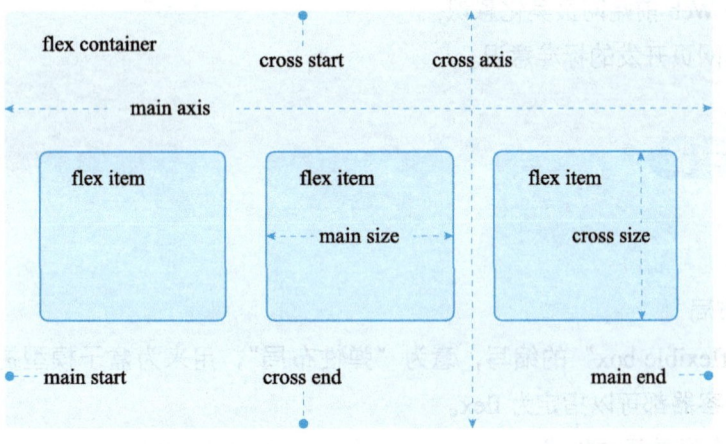

图 2-2　flex 容器的结构

容器存在两个轴：水平的主轴（main axis）和垂直的交叉轴（cross axis）。主轴的开始位置（与边框的交叉点）叫作 main start，结束位置叫作 main end；交叉轴的开始位置叫作 cross start，结束位置叫作 cross end。
一般默认沿主轴排列。单个项目占据的主轴空间叫作 main size，占据的交叉轴空间叫作 cross size。

3）容器的属性

flex 容器具有 flex-direction、flex-wrap、flex-flow、justify-content、align-items、align-content 6 个属性。

（1）flex-derection

flex-direction 属性决定主轴的方向（项目的排列方向）。主轴方向示意图如图 2-3 所示。flex-direction 属性值及其描述如表 2-1 所示。

flex-derection 属性语法格式如下：

```
.box {
    flex-direction: row | row-reverse | column | column-reverse;}
```

图 2-3　主轴方向示意图

表 2-1　flex-direction 属性值及其描述

| 属性值 | 描述 |
| --- | --- |
| row（默认值） | 主轴为水平方向，起点在左端 |
| row-reverse | 主轴为水平方向，起点在右端 |
| Column | 主轴为垂直方向，起点在上沿 |
| column-reverse | 主轴为垂直方向，起点在下沿 |

（2）flex-wrap 属性

默认情况下，flex 容器内的项目都排在一条线（又称轴线）上。flex-wrap 属性定义了如果一条轴线排不下该如何换行。换行示意图如图 2-4 所示。flex-wrap 属性值及其描述如表 2-2 所示。

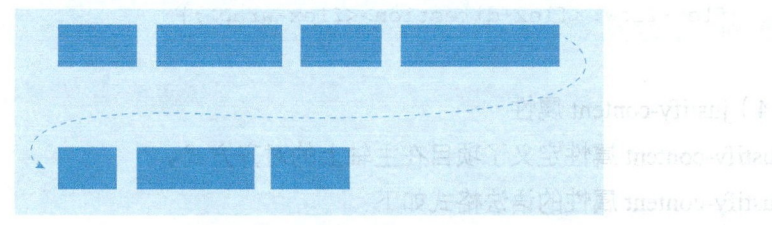

图 2-4　换行示意图

表 2-2　flex-wrap 属性值及其描述

| 属性值 | 描述 |
| --- | --- |
| nowrap（默认） | 不换行（效果如图 2-5 所示） |
| wrap | 换行，第一行在上方（效果如图 2-6 所示） |
| wrap-reverse | 换行，第一行在下方（效果如图 2-7 所示） |

图 2-5　nowrap 效果

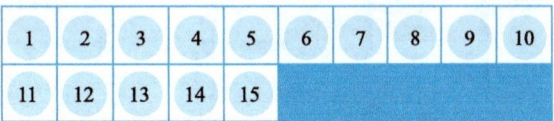

图 2-6　wrap 效果

图 2-7　wrap-reverse 效果

（3）flex-flow 属性

flex-flow 属性是 flex-direction 属性和 flex-wrap 属性的简写形式，默认值为 row nowrap。

flex-flow 属性的语法格式如下：

```
.box {
    flex-flow:<flex-direction><flex-wrap>;}
```

（4）justify-content 属性

justify-content 属性定义了项目在主轴上的对齐方式。

justify-content 属性的语法格式如下：

```
.box{
    justify-content: flex-start | flex-end | center | space-between | space-around;}
```

justify-content 属性有 5 个属性值,具体对齐方式与轴的方向有关。justify-content 属性值及其描述如表 2-3 所示(假设主轴为水平方向从左到右)。

表 2-3　justify-content 属性值及其描述

| 属性值 | 描述 |
| --- | --- |
| flex-start(默认值) | 左对齐 |
| flex-end | 右对齐 |
| center | 居中 |
| space-between | 两端对齐,项目之间的间隔都相等 |
| space-around | 每个项目两侧的间隔相等,所以项目之间的间隔比项目与边框的间隔大一倍 |

(5)align-items 属性

align-items 属性定义项目在交叉轴上如何对齐。

align-intems 属性的语法格式如下:

```
.box{
    align-items: flex-start | flex-end | center | baseline | stretch;}
```

align-items 属性有 5 个属性值,具体的对齐方式与交叉轴的方向有关。align-items 属性值及其描述如表 2-4 所示(假设交叉轴从上到下)。

表 2-4　align-items 属性值及其描述

| 属性值 | 描述 |
| --- | --- |
| flex-start(默认值) | 交叉轴的起点对齐 |
| flex-end | 交叉轴的终点对齐 |
| center | 交叉轴的中点对齐 |
| baseline | 项目的第一行文字的基线对齐 |
| stretch(默认值) | 如果项目未设置高度或设为 auto,将占满整个容器的高度 |

（6）align-content 属性

align-content 属性定义了多根轴线的对齐方式。如果项目只有一根轴线，该属性不起作用。

align-content 属性的语法格式如下：

```
.box {
    align-content: flex-start | flex-end | center | space-between | space-around | stretch;}
```

align-content 属性值及其描述如表 2-5 所示。

表 2-5　align-content 属性值及其描述

| 属性值 | 描述 |
| --- | --- |
| flex-start | 与交叉轴的起点对齐 |
| flex-end | 与交叉轴的终点对齐 |
| center | 与交叉轴的中点对齐 |
| space-between | 与交叉轴两端对齐，轴线之间的间隔平均分布 |
| space-around | 每根轴线两侧的间隔都相等，所以轴线之间的间隔比轴线与边框的间隔大一倍 |
| stretch（默认值） | 轴线占满整个交叉轴 |

4）项目的属性

项目有 order、flex-grow、flex-shrink、flex-basis、flex、align-self 六个属性。

（1）order 属性

order 属性定义项目的排列顺序，数值越小，排列越靠前，默认值为 0。

order 属性的语法格式如下：

```
.item {
    order: <integer>;}
```

（2）flex-grow 属性

flex-grow 属性定义项目的放大比例，默认值为 0，即如果存在剩余空间，也不放大。

flex-grow 属性的语法格式如下：

```
.item {
    flex-grow: <number>; /* default 0 */}
```

如果所有项目的 flex-grow 属性都为 1，则它们将等分剩余空间。如果一个项目的 flex-grow 属性为 2，其他项目的 flex-grow 属性都为 1，则前者占据的剩余空间将比其他项多一倍。

（3）flex-shrink 属性

flex-shrink 属性定义了项目的缩小比例，默认值为 1，即如果空间不足，该项目将缩小。

flex-shrink 属性的语法格式如下：

```
.item {
    flex-shrink: <number>; /* default 1 */}
```

如果所有项目的 flex-shrink 属性都为 1，当空间不足时，其所占据的剩余空间都将等比例缩小。如果一个项目的 flex-shrink 属性为 0，其他项目的 flex-shrink 属性都为 1，则空间不足时，前者占据的剩余空间不缩小。

负值对 flex-shrink 属性无效。

（4）flex-basis 属性

flex-basis 属性定义了在分配多余空间之前，项目占据的主轴空间（main size）。浏览器根据这个属性，计算主轴是否有多余空间。它的默认值为 auto，即项目的本来大小。

flex-basis 属性的语法格式如下：

```
.item {
    flex-basis: <length> | auto; /* default auto */}
```

flex-basis 属性可以设为与 width 或 height 属性一样的值（比如 350px），则项目将占据固定空间。

（5）flex 属性

flex 属性是 flex-grow、flex-shrink 和 flex-basis 的简写，默认值为 0、1、auto。

flex 属性的语法格式如下：

```
.item {
    flex: none | [ <'flex-grow'><'flex-shrink'>? || <'flex-basis'> ]}
```

该属性有两个快捷值：auto (1 1 auto) 和 none (0 0 auto)。
建议优先使用这个属性，而不是单独写三个分离的属性，因为浏览器会推算相关值。

（6）align-self 属性

align-self 属性允许单个项目有与其他项目的对齐方式不一样，可覆盖 align-items 属性。默认值为 auto，表示继承父元素的 align-items 属性，如果没有父元素，则等同于 stretch。

align-self 属性的语法格式如下：

```
.item {
    align-self: auto | flex-start | flex-end | center | baseline | stretch;}
```

该属性可能取 6 个值，除了 auto，其他都与 align-items 属性完全一致。

2. 边框属性

1）border-radius 属性

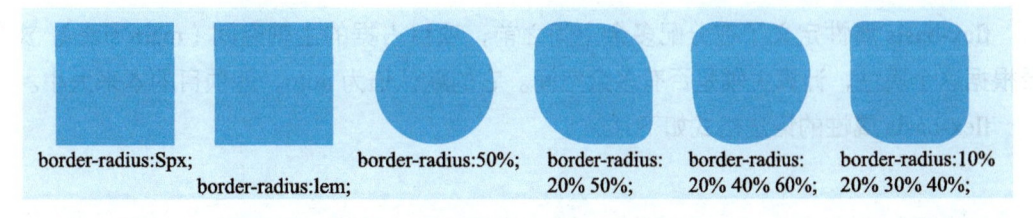

border-radius 属性用于给元素的边框创建（1~4 个）圆角效果，效果如图 2-8 所示。

border-radius:5px;　　border-radius:50%;　　border-radius: 　　border-radius: 　　border-radius:10%
border-radius:1em;　　　　　　　　　　　　20% 50%;　　　　　20% 40% 60%;　　　20% 30% 40%;

图 2-8　border-radius 属性效果

border-radius 属性的值可以为绝对单位 px 和相对单位 em、rem，也可以为百分比，值越大，弧度越大。

border-radius 属性的语法格式如下：

```
border-radius:<length>{1-4}[/<length>{1-4}];
//"/" 前面是水平半径，后面是设置其垂直的半径。如果没有设置垂直半径，则默认两者是相同的
```

border-radius 属性是一个简写值,它分别是 border-top-left-radius(左上圆角半径)、border-top-right-radius(右上圆角半径)、border-bottom-right-radius(右下圆角半径)、border-bottom-left-radius(左下圆角半径)4 个属性的简写模式。因此它可以有 1~4 个取值。

(1)border-radius 只有一个取值时,4 个角具有相同的圆角设置,其效果是一致的。

示例如下:

```
.demo {
border-radius:10px;
}
```

(2)border-radius 设置两个值,此时 top-left 等于 bottom-right,并且它们取第一个值;top-right 等于 bottom-left,并且它们取第二个值,也就是说,元素左上角和右下角相同,右上角和左下角相同。

示例 1 如下:

```
.demo {
border-radius:10px 20px;
}
```

示例 2 如下:

```
.demo {
border-top-left-radius:10px;
border-bottom-right-radius:10px;
border-top-right-radius:20px;
border-bottom-left-radius:20px;
}
```

(3)border-radius 设置三个值,此时 top-left 取第一个值,top-right 等于 bottom-left 并且它们取第二个值,bottom-right 取第三个值。

示例 1 如下:

```
.demo {
border-radius:10px 20px 30px;
}
```

示例 2 如下：

```
.demo {
border-top-left-radius:10px;
border-top-right-radius:20px;
border-bottom-left-radius:20px;
border-bottom-right-radius:30px;
}
```

（4）border-radius 设置四个值，此时 top-left 取第一个值，top-right 取第二个值，bottom-right 取第三个值，bottom-left 取第四个值。

示例 1 如下：

```
.demo {
border-radius:10px20px 30px 40px;
}
```

示例 2 如下：

```
.demo {
border-top-left-radius:10px;
border-top-right-radius:20px;
border-bottom-right-radius:30px;
border-bottom-left-radius:40px;
}
```

2）box-shadow 属性

box-shadow 属性用于给元素添加阴影，效果如图 2-9 所示。

项目2　设计Web博客

box-shadow:0 0 10px 10px #666;　　　　　　box-shadow:10px 10px 5px 5px #666;
　　　　box-shadow:-10px -10px 5px 5px #666;　　　　　　border-shadow:0px 20px 20px #666;

图 2-9　box-shadow 属性效果

box-shadow 属性的语法格式如下：

```
box-shadow: h-shadow v-shadow blur spread color inset;
```

box-shadow 属性把一个或多个下拉阴影添加到框上。该属性是一个用逗号分隔阴影的列表，每个阴影由 2~4 个长度值、一个可选的颜色值和一个可选的 inset 关键字来规定。省略长度的值是 0。box-shadow 属性值及其描述如表 2-6 所示。

表 2-6　box-shadow 属性值及其描述

| 属性值 | 描述 |
| --- | --- |
| h-shadow | 必需的，水平阴影的位置（X 轴偏移值），允许负值 |
| v-shadow | 必需的，垂直阴影的位置（Y 轴偏移值），允许负值 |
| blur | 可选，模糊距离（X 轴阴影模糊半径） |
| spread | 可选，阴影的大小（Y 轴阴影模糊半径） |
| color | 可选，阴影的颜色，在 CSS 颜色值中寻找颜色值的完整列表 |
| inset | 可选，从外层的阴影（开始时）改变阴影内侧阴影 |

注：（1）X 轴和 Y 轴的偏移值可以为负，但不能共用一个，X 轴和 Y 轴的阴影半径可以共用一个，但不能为负。

（2）阴影模糊半径是可以省略的，比如 box-shadow：10px 10px #ccc；。这样仍然会有阴影，但是就失去了这种模糊朦胧的效果，立体感也大大减弱了，一般不会这么使用。

3）box-sizing 属性

box-sizing 属性允许用户以特定的方式定义匹配某个区域的特定元素。flex 容器结构如图 2-10 所示。

box-sizing 属性的语法格式如下：

```
box-sizing:content-box/border-box/inherit
```

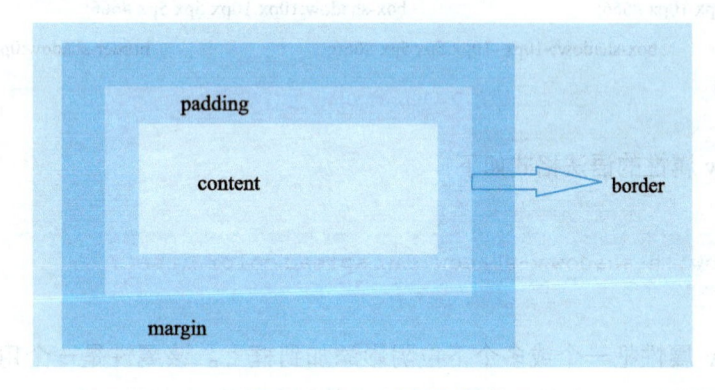

图 2-10　flex 容器结构

box-sizing 属性值及其描述如表 2-7 所示。

表 2-7　box-sizing 属性值及其描述

| 属性值 | 描述 |
| --- | --- |
| content-box | 默认值，宽高的值为 content |
| border-box | 宽高的值为 border+padding+content，也就是整个盒子模型的宽高值 |
| inherit | 从父元素继承 box-sizing 的值 |

设置两个边框并列排放，示例如下：

```
div {
box-sizing: border-box;
width: 50%;
border: 5px solid red;
float: left;
}
```

## 3. linear-gradient 属性

linear-gradient 属性可以用于背景颜色渐变效果，CSS3 渐变（gradients）可以在两个或多个指定的颜色之间显示平稳地过渡。

为了创建一个线性渐变，需要设置一个起始点和一个方向（指定为一个角度）的渐变效果，还要定义终止色。终止色就是你想让 Gecko 去平滑地过渡，并且必须指定至少两种，当然也可以指定更多的颜色去创建更复杂的渐变效果。

linear-gradient 属性的语法格式如下：

```
background-image: linear-gradient(direction, color-stop1, color-stop2,...);
```

linear-gradient 属性值及其描述如表 2-8 所示。

表 2-8 linear-gradient 属性值及其描述

| 属性值 | 描述 |
| --- | --- |
| direction | 用角度值指定渐变方向（或角度） |
| color-stop1, color-stop2, ... | 指定渐变的起止颜色 |

（1）线性渐变

线性渐变效果如图 2-11 所示。

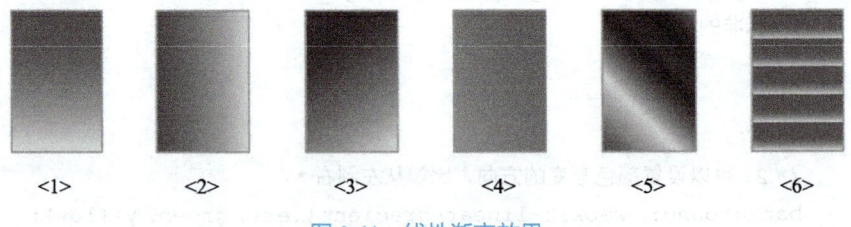

图 2-11 线性渐变效果

示例如下：

```
<!DOCTYPE html>
<html lang="en">
```

```html
<head>
  <meta charset="UTF-8">
  <meta http-equiv="X-UA-Compatible" content="IE=edge">
  <meta name="viewport" content="width=device-width, initial-scale=1.0">
  <title>线性渐变</title>
  <style>
    div {
      float: left;
      margin: 30px;
      width: 100px;
      height: 150px;
      border: 2px solid orange;
      font-size: 14px;
      line-height: 1.5;
    }

    .box1 {
      /* 1. 属性值至少为两种颜色 */
      background: -webkit-linear-gradient(red, yellow);
      /* Safari 5.1 - 6.0 */
      background: -o-linear-gradient(red, yellow);
      /* Opera 11.1 - 12.0 */
      background: -moz-linear-gradient(red, yellow);
      /* Firefox 3.6 - 15 */
      background: linear-gradient(red, yellow);
      /* 标准的语法 */
    }

    .box2 {
      /* 2. 可以设置颜色渐变的方向，比如从左到右 */
      background: -webkit-linear-gradient(left, green, yellow);
      background: -o-linear-gradient(left, green, yellow);
      background: -moz-linear-gradient(left, green, yellow);
      background: linear-gradient(left, green, yellow);
    }

    .box3 {
      /* 3. 也可以沿着对角线的方向渐变 */
```

```css
    background: -webkit-linear-gradient(top left, blue, yellow);
    background: -o-linear-gradient(top left, blue, yellow);
    background: -moz-linear-gradient(top left, blue, yellow);
    background: linear-gradient(top left, blue, yellow);
}

.box4 {
    /* 4. 或者，我们直接用角度确定渐变的方向（12 点钟方向为 0deg）*/
    background: -webkit-linear-gradient(60deg, rgb(248, 182, 44), rgb(0, 159, 233));
    background: -o-linear-gradient(60deg, rgb(248, 182, 44), rgb(0, 159, 233));
    background: -moz-linear-gradient(60deg, rgb(248, 182, 44), rgb(0, 159, 233));
    background: linear-gradient(60deg, rgb(248, 182, 44), rgb(0, 159, 233));
}

.box5 {
    /* 5. 我们也可以定义多种颜色的渐变，之前的方向的设置方法不变 */
    background: -webkit-linear-gradient(45deg, red, orange, yellow, green, blue, indigo, violet);
    background: -o-linear-gradient(45deg, red, orange, yellow, green, blue, indigo, violet);
    background: -moz-linear-gradient(45deg, red, orange, yellow, green, blue, indigo, violet);
    background: linear-gradient(45deg, red, orange, yellow, green, blue, indigo, violet);
}

.box6 {
    /* 6. 当然，渐变可以是很多次的 */
    background: -webkit-repeating-linear-gradient(red, red 10%, yellow 20%);
    background: -o-repeating-linear-gradient(red, red 10%, yellow 20%);
    background: -moz-repeating-linear-gradient(red, red 10%, yellow 20%);
    background: repeating-linear-gradient(red, red 10%, yellow 20%);
```

```html
        }
    </style>
</head>

<body>
    <div class="box1"></div>
    <div class="box2"></div>
    <div class="box3"></div>
    <div class="box4"></div>
    <div class="box5"></div>
    <div class="box6"></div>
</body>

</html>
```

（2）径向渐变

创建一个径向渐变，必须至少定义两种颜色结点。颜色结点即想要呈现平稳过渡的颜色。同时，也可以指定渐变的中心、形状（圆形或椭圆形）、大小。默认情况下，渐变的中心是 center（表示在中心点），渐变的形状是 ellipse（表示椭圆形），渐变的大小是 farthest-corner（表示到最远的角落）。径向渐变效果如图 2-12 所示。

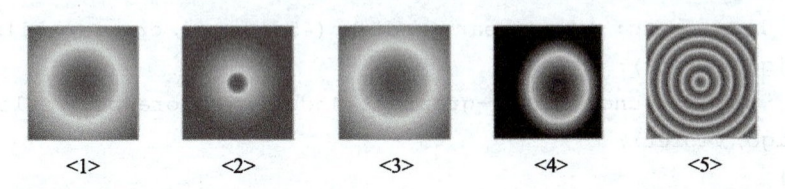

图 2-12　径向渐变效果

示例如下：

```html
<!DOCTYPE html>
<html lang="en">

<head>
    <meta charset="UTF-8">
```

```html
<meta http-equiv="X-UA-Compatible" content="IE=edge">
<meta name="viewport" content="width=device-width, initial-scale=1.0">
<title> 线性渐变 </title>

<style>
    div {
        float: left;
        margin: 30px;
        width: 150px;
        height: 150px;
        border: 2px solid orange;
        font-size: 14px;
        line-height: 1.5;
    }

    .box1 {
        /* 1. 颜色结点均匀分布（默认情况下）*/
        background: -webkit-radial-gradient(red, yellow, green);
        /* Safari 5.1 - 6.0 */
        background: -o-radial-gradient(red, yellow, green);
        /* Opera 11.6 - 12.0 */
        background: -moz-radial-gradient(red, yellow, green);
        /* Firefox 3.6 - 15 */
        background: radial-gradient(red, yellow, green);
        /* 标准的语法 */
    }

    .box2 {
        /* 2. 当然，对于颜色辐射界限，我们也可以进行设置 */
        background: -webkit-radial-gradient(red 5%, yellow 15%, green 60%);
        background: -o-radial-gradient(red 5%, yellow 15%, green 60%);
        background: -moz-radial-gradient(red 5%, yellow 15%, green 60%);
        background: radial-gradient(red 5%, yellow 15%, green 60%);
    }

    .box3 {
        /* 3. shape 参数定义了形状。它可以是值 circle 或 ellipse。其中，circle 表示圆形，ellipse 表示椭圆形。    默认值是 ellipse*/
        background: -webkit-radial-gradient(circle, red, yellow, green);
```

```
            background: -o-radial-gradient(circle, red, yellow, green);
            background: -moz-radial-gradient(circle, red, yellow, green);
            background: radial-gradient(circle, red, yellow, green);
        }

        .box4 {
            /* 4. size 参数定义了渐变的大小。它可以是以下四个值: closest-side、
farthest-side、closest-corner、farthest-corner, 具体的不同大家可以自己尝试, 这里
只展示一种情况 */
            background: -webkit-radial-gradient(60% 55%, closest-side, blue, green, yellow, black);
            background: -o-radial-gradient(60% 55%, closest-side, blue, green, yellow, black);
            background: -moz-radial-gradient(60% 55%, closest-side, blue, green, yellow, black);
            background: radial-gradient(60% 55%, closest-side, blue, green, yellow, black);
        }

        .box5 {
            /* 5. 当然, 也有重复渐变这种情况 */
            background: -webkit-repeating-radial-gradient(red, yellow 10%, green 15%);
            background: -o-repeating-radial-gradient(red, yellow 10%, green 15%);
            background: -moz-repeating-radial-gradient(red, yellow 10%, green 15%);
            background: repeating-radial-gradient(red, yellow 10%, green 15%);
        }
    </style>
</head>

<body>
    <div class="box1"></div>
    <div class="box2"></div>
    <div class="box3"></div>
    <div class="box4"></div>
    <div class="box5"></div>
</body>

</html>
```

## 项目实践

### 1. 搭建页面主页结构

项目操作视频

创建微博页面，命名为 micro_blog.html。创建 img 文件夹，把相应的图片导入，搭建页面主页结构。

实现代码如下：

```html
<!DOCTYPE html>
<html>
<head>
<meta charset="utf-8">
<title> 微博 </title>
</head>
<body>
</body>
</html>
```

### 2. 搭建页面主体内容

（1）在 `<body>` 标签里添加顶部的搜索栏

实现代码如下：

```html
<div id="container">
    <form>
//<input> 标签用于搜集用户信息。type="text" 是输入文本
        <input type="text">
        <button type="button"> 搜索 </button>
    </form>
</div>
```

（2）添加左侧的导航栏

实现代码如下：

```html
// display: flex 是一种布局方式
<div style="display: flex">
```

```
            <!--左侧边栏-->
            <article>
                <div class="nav">
                    <div class="nav_left">
//ul是无序列表
                        <ul class="list">
                        </ul>
                    </div>
                </div>
//<article>标签规定独立的自包含内容
            </article>
</div>
```

（3）添加右侧的微博话题栏

实现代码如下：

```
<article>
        <!--微博话题栏-->
        <div class="nav_main">
            <!--微博话题栏内容-->
            <ul class="list1">
            </ul>
        </div>
</article>
```

3. 添加正文内容

（1）添加导航栏内容

实现代码如下：

```
<div class="nav">
    <div class="nav_left">
        <ul class="list">
//<li>标签定义列表项目
            <li><a href="">热门</a></li>
            <li class="nav_li_hover">
// a href 跳转到指定的页面
                <a href="">头条</a>
            </li>
```

```
            <li><a href="">新鲜事 </a></li>
        </ul>
    </div>
</div>
```

(2) 添加微博话题栏内容

添加微博话题栏内容，内容为一个话题列表，列表中包含若干条微博。
实现代码如下：

```
<div class="nav_main">
    <!--微博话题栏内容-->
    <ul class="list1">
    <li>
        >杨老师，生日快乐！
        <br/><img src="img/a1.png" width="100" height="100">
        张一龙  6月3日   
        <img src="img/1.png" width="10" height="10">
        29468  
        <img src="img/2.png" width="11" height="11">
        78452  
        <img src="img/3.png" width="11" height="11">
        47777  
    </li>
    <li>
        >你好2019   今天是充满童真的一天。
        <br/><img src="img/a1.png" width="100" height="100">
        李欣  6月3日   
        <img src="img/1.png" width="10" height="10">
        29468  
        <img src="img/2.png" width="11" height="11">
        78452  
        <img src="img/3.png" width="11" height="11">
        47777  
    </li>
    <li>
        >祝愿即将高考的学子们考出自己理想的成绩~
        <br/><img src="img/a1.png" width="100" height="100">
        杨凯  6月3日   
```

```
            <img src="img/1.png" width="10" height="10">
            29468  
            <img src="img/2.png" width="11" height="11">
            78452  
            <img src="img/3.png" width="11" height="11">
            47777  
        </li>
        <li>
            >偷偷藏起来，喜欢被同学取笑。
            <br/><img src="img/a1.png" width="100" height="100">
            张伟  6月3日   
            <img src="img/1.png" width="10" height="10">
            29468  
            <img src="img/2.png" width="11" height="11">
            78452  
            <img src="img/3.png" width="11" height="11">
            47777  
        </li>
        <li>
            >周一放送——这位顾客您好，今天想来买点什么？要不要本季度最新到货的~
            <br/><img src="img/a1.png" width="100" height="100">
            胡糊  6月3日   
            <img src="img/1.png" width="10" height="10">
            29468  
            <img src="img/2.png" width="11" height="11">
            78452  
            <img src="img/3.png" width="11" height="11">
            47777  
//  是不间断空格
        </li>
    </ul>
</div>
```

**4. 美化微博话题**

① 在 `<head>` 标签中加入 `<style type="text/css"></style>` 标签，并在标签中编辑 CSS 样式。

② 使用伪类选择器对第一个微博话题和最后一个微博话题进行美化。

实现代码如下：

```css
<style type="text/css">
    .list1 li{
        list-style-type: none;
        border: 2px solid;
    }
    .list1 li:nth-child(1){          /* 微博列表第一个列表项 */
        border: 1px solid #ccc;      /* 为列表添加边框 */
        border-radius: 6px;          /* 设置列表圆角 */
        box-shadow: 0 1px 1px #ccc;  /* 列表阴影设置 */
    }
    .list1 li:last-child{            /* 微博列表最后一个列表项 */
        border: 1px solid #ccc;      /* 为列表添加边框 */
        border-radius: 6px;          /* 设置列表圆角 */
        box-shadow: 0 1px 1px #ccc;  /* 列表阴影设置 */
        background: hsla(0,100%,60%,0.5);/* 设置颜色 */
    }
</style>
```

5. 对微博话题的字体进行美化

创建 ziti 文件夹，导入相应的字体。

实现代码如下：

```css
/* 通过 font-face 引入外部字体 */
    @font-face{
        font-family: YourWebFontName;
        src: url('ziti/1.TTF');
    }
    .list1 li{
        font-family: 'YourWebFontName';
    }
```

6. 对微博话题的背景色进行美化

① 使用伪类选择器将颜色设置到最后一个微博话题。

② 通过 HSLA 设置颜色。

实现代码如下:

```css
.list1 li:last-child{                    /* 微博列表最后一个列表项 */
    background: hsla(0,100%,60%,0.5); /* 设置颜色 */
}
```

### 项目拓展

1. 在本项目的基础上,使用不同的 CSS 选择器实现样式的引入效果。
2. 在本项目的基础上,进一步美化页面效果,使用圆角边框、定位等高级样式实现页面美化效果。

# 项目 3

## 制作网页计算器

项目教学PPT

## 项目情景

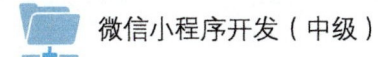

本项目利用 JavaScript 编程技术，实现一个网页计算器的基本功能。

## 项目分析

计算器页面包括如下内容。

（1）数字按键、运算符按键、计算按键和清空按键，以及计算区域输出文本框，并设置计算区域输出文本框为不可编辑。

（2）界面输入规则：输入一个数字，再输入一个运算符，然后再输入一个数字，接着再输入一个运算符，如此往复，形成类似"3+5×6"的形式。

（3）单击"="按键，触发 JS 函数进行计算。

（4）计算结果显示至页面计算区域输出文本框。

（5）单击"AC"按键，清空计算区域输出文本框中的值。

（6）扩展功能：将计算区域输出文本框改为可编辑文本框，可直接输入算式，如图 3-1 所示，单击"="按键，使用正则表达式验证文本框输入内容并进行计算。

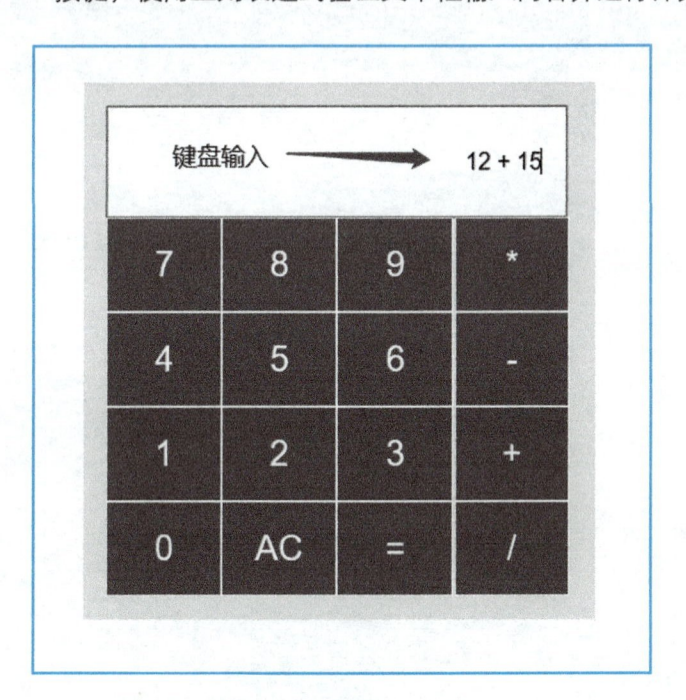

图 3-1 计算器运行效果

项目3 制作网页计算器

## 学习目标

### （一）知识目标

（1）熟练掌握 JavaScript 基础知识；
（2）熟练掌握 JavaScript 对象模型；
（3）掌握 JavaScript 事件处理。

### （二）技能目标

（1）能够正确使用 JavaScript 编写函数代码；
（2）能够运用 JavaScript 对象模型进行 DOM 操作。

### （三）素质目标

（1）培养 JavaScript 代码编程的标准意识；
（2）培养动态网页的设计能力。

## 知识准备

### 1. JavaScript 文件引入方式

在 HTML 文档中引入 JavaScript 文件，主要有内嵌式、外链式和行内式 3 种方式。

（1）内嵌式

在 HTML 中运用 <script> 标签及相关属性嵌入 JavaScript 脚本代码。

示例如下：

```
<!DOCTYPE html>
<html lang="en">
<head>
    <meta charset="UTF-8">
    <meta http-equiv="X-UA-Compatible" content="IE=edge">
    <meta name="viewport" content="width=device-width, initial-scale=1.0">
```

047

```
    <title>js 使用 </title>
</head>
<body>
    <div id = "t"><input type = "hidden" id = "sss" value = "aaa"></div>
</body>
<script>
    var d = document.getElementById("sss").getAttribute("value");
    document.write(d);// 在页面打印通过 div 获取到的 value 值
</script>
</html>
```

（2）外链式

定义外部 js 文件，通过 <script src=" 目标文档的 URL"></script> 链接引入外部的 js 文件。示例如下：

```
<!DOCTYPE html>
<html lang="en">
<head>
    <meta charset="UTF-8">
    <meta http-equiv="X-UA-Compatible" content="IE=edge">
    <meta name="viewport" content="width=device-width, initial-scale=1.0">
    <title>js 使用 </title>
<script src=" test.js "></script>
</head>
<body>
    <div id = "t"><input type = "hidden" id = "sss" value = "aaa"></div>
</body>
</html>
js 文件夹内：
Window.onload = function(){
    var d = document.getElementById("sss").getAttribute("value");
    document.write(d);// 在页面打印通过 div 获取到的 value 值
}
```

外链式具有可维护性高、可缓存（只需加载一次，无须二次加载）、方便未来扩展、复用性高等特点。

（3）行内式

作为某个元素的事件属性值或者超链接的 href 属性。

示例如下：

```
<!DOCTYPE html>
<html lang="en">
<head>
    <meta charset="UTF-8">
      <meta http-equiv="X-UA-Compatible" content="IE=edge">
    <meta name="viewport" content="width=device-width, initial-scale=1.0">
        <title>js 使用 </title>
</head>
<body>
  <a href="javascript:confirm('你正在学习 js');">按钮 </a>
    <p onclick="javascript:alert('hello world')">点击 </p>
</body>
</html>
```

注：当 JS 代码较多时，不推荐使用这种方式，否则会导致代码可读性太差。

2. JS 字符串常用方法

由于字符串是一种基本的数据格式，JavaScript 程序中对字符串的操作非常频繁。

（1）charAt 和 charCodeAt

charAt 方法和 charCodeAt 方法都接收一个参数，基于 0 的字符位置。charAt 方法是以单字符字符串的形式返回给定位置的字符，charCodeAt 方法获取到的不是字符而是字符编码。

示例如下：

```
<!DOCTYPE html>
<html lang="en">
  <head>
    <meta charset="utf-8">
    <title>字符方法 </title>
  </head>
  <body>
    <script type="text/javascript">
```

```
var str="hello world";
console.log(str.charAt(1));//e
console.log(str.charCodeAt(1));//101
// 还可以使用方括号加数字索引来访问字符串中特定的字符
console.log(str[1]);//e
</script>
</body>
</html>
```

（2）concat 方法

concat 方法可用来拼接字符串，生成一个新的字符串。

示例如下：

```
<!DOCTYPE html>
<html lang="en">
  <head>
    <meta charset="utf-8">
    <title>concat 方法 </title>
  </head>
  <body>
  <script type="text/javascript">
    var str="hello ";
    var res=str.concat("world");
    console.log(res);//hello world
    console.log(str);//hello 这说明原来字符串的值没有改变
    var res1=str.concat("nihao","!");
    console.log(res1);//hello nihao! 说明 concat 方法可以接收任意多个参数
    // 虽然 concat 方法是专门用来拼接字符串的，但是实践中我们使用最多的还是加操作符 +，因为其更简便易行
  </script>
  </body>
</html>
```

（3）slice、substring 和 substr 方法

● slice 方法是将第一个参数指定为子字符串开始位置，第二个参数表示子字符串最后一个字符后面的位置。

- substring 方法是将最大参数指定为子字符串开始位置，最小参数表示子字符串最后一个字符后面的位置。
- substr 方法是将第一个参数指定为子字符串开始位置，第二个参数表示返回的字符个数。

这三个方法都会返回被操作字符串的一个子字符串，都接收一或两个参数，如果没有给这些方法传递第二个参数，则将字符串的长度作为结束位置。这些方法也不会修改字符串本身，只是返回一个基本类型的字符串值。

示例如下：

```
<!DOCTYPE html>
<html lang="en">
  <head>
    <meta charset="utf-8">
    <title>字符串操作方法</title>
  </head>
  <body>
    <script type="text/javascript">
     var str="hello world";
     console.log(str.slice(3));//lo world
     console.log(str.substring(3));//lo world
     console.log(str.substr(3));//lo world
     console.log(str.slice(3,7));//lo w 7 表示子字符串最后一个字符后面的位置，简单理解就是包含头不包含尾
     console.log(str.substring(3,7));//lo w
     console.log(str.substr(3,7));//lo worl 7 表示返回 7 个字符

     console.log(str.slice(3,-4));//lo w  -4+11=7 表示子字符串最后一个字符后面的位置，简单理解就是包含头不包含尾
     console.log(str.substring(3,-4));//hel  会转换为 console.log(str.substring(3,0));
     // 此外，由于这个方法会将较小数作为开始位置，较大数作为结束位置，所以相当于调用 console.log(str.substring(0,3));
     console.log(str.substr(3,-4));//"" 空字符串
     console.log(str.substring(3,0));
    </script>
  </body>
</html>
```

（4）indexOf 和 lastIndexOf 方法

indexOf 方法和 lastIndexOf 方法都用于从一个字符串中搜索给定的子字符串，然后返回子字符串的位置，如果没有找到，则返回-1。indexOf 方法是从字符串的开头向后搜索子字符串，lastIndexOf 方法正好相反。

这两个方法都可以接收"要查找的子字符串"和"查找的位置"两个参数。

示例如下：

```html
<!DOCTYPE html>
<html lang="en">
  <head>
    <meta charset="utf-8">
    <title>字符串位置方法</title>
  </head>
  <body>
    <script type="text/javascript">
      var str="hello world";
      console.log(str.indexOf("o"));//4
      console.log(str.lastIndexOf("o"));//7
      console.log(str.indexOf("o",6));//7
      console.log(str.lastIndexOf("o",6));//4
    </script>
  </body>
</html>
```

（5）trim 方法

trim 方法用来删除字符串前后的空格。

示例如下：

```html
<!DOCTYPE html>
<html lang="en">
  <head>
    <meta charset="utf-8">
    <title>trim 方法</title>
  </head>
  <body>
    <script type="text/javascript">
```

```
    /*
    trim 方法用来删除字符串前后的空格
     */
    var str="hello world";
    console.log('('+str.trim()+')');//(hello world)
    console.log('('+str+')');//( hello world )
    </script>
    </body>
  </html>
```

（6）split 方法

split 方法是基于指定的字符，将字符串分割成为字符串数组，当指定的字符串是空字符串时，将会分割整个字符串。

示例如下：

```
<!DOCTYPE html>
<html lang="en">
  <head>
    <meta charset="utf-8">
    <title>split 方法</title>
  </head>
  <body>
    <script type="text/javascript">
    var str="red,blue,green,yellow";
    console.log(str.split(","));//["red","blue","green","yellow"]
    console.log(str.split(",",2));//["red","blue"] 第二个参数用来限制数组大小
    console.log(str.split(/[^\,]+/));// ["",",",",",",",""]
    // 第一项和最后一项为空字符串是因为正则表达式指定的分隔符出现在了子字符串的开头，即 "red" 和 "yellow"
    //[^...] 不在方括号内的任意字符，只要不是逗号都是分隔符
    </script>
    </body>
</html>
```

（7）replace 方法

Replace () 方法用于在字符串中用一些字符替换另一些字符，或替换一个与正则表达式匹配的子字符串。

示例如下：

```html
<!DOCTYPE html>
<html lang="en">
  <head>
    <meta charset="utf-8">
    <title>replace 方法 </title>
  </head>
  <body>
    <script type="text/javascript">
      var str="cat,bat,sat,fat";
      var res=str.replace("at","one");// 第一个参数是字符串，所以只会替换第一个子字符串
      console.log(res);//cone,bat,sat,fat
      var res1=str.replace(/at/g,"one");// 第一个参数是正则表达式，所以会替换所有的子字符串
      console.log(res1);//cone,bone,sone,fone
    </script>
  </body>
</html>
```

### 3. 数组常用方法

1）join () 方法

使用 join () 方法可以将数组转化为字符串，此方法只接收一个参数，默认以逗号作为分隔符。

示例如下：

```html
<script>
  var arr=[1,2,3,4];
  console.log(arr.join()); //1,2,3,4
  console.log(arr.join(":")); //1:2:3:4
  console.log(arr); //[1,2,3,4]，原数组不变
</script>
```

使用 join () 方法实现重复字符串，示例如下：

```
<script>
    function repeatStr(str, n) {
        return new Array(n + 1).join(str);
    }
    console.log(repeatStr("嗨",3)); // 嗨嗨嗨
    console.log(repeatStr("Hi",3)); //HiHiHi
    console.log(repeatStr(1,3));   //111
</script>
```

2）shift () 和 unshift () 方法

使用 shift () 和 unshift () 方法可以实现数组首操作。

① shift () 方法用于把数组的第一个元素删除，并返回第一个元素的值。

② 使用 unshift () 方法可以向数组的开头添加一个或更多元素，并返回新的长度。

示例如下：

```
<script>
var arr=[1,2,3,4]; //shift
var shift_arr=arr.shift();
console.log(arr); // [2, 3, 4]
console.log(shift_arr); // 1 //unshift
var unshift_arr=arr.unshift("Tom");
console.log(arr); // ["Tom", 2, 3, 4]
console.log(unshift_arr); //
</script>
```

3）sort () 方法

sort () 方法用于对数组的元素进行排序。

（1）按照字符编码的顺序进行排序

示例如下：

```
<script>
    var arr=[1,100,5,20];
    console.log(arr.sort()); // [1, 100, 20, 5]
    console.log(arr); // [1, 100, 20, 5]（原数组改变）
</script>
```

（2）按照数值的大小对数组进行升序排列

示例如下：

```
<script>
    var arr=[1,100,5,20];
    function sortNumber(a,b){return a-b};
    console.log(arr.sort(sortNumber));  //[1, 5, 20, 100]
    console.log(arr);  //[1, 5, 20, 100]（原数组改变）
</script>
```

（3）按照数值的大小对数组进行降序排列

示例如下：

```
<script>
    var arr=[1,100,5,20];
    function sortNumber(a,b){return b-a};
    console.log(arr.sort(sortNumber));  // [100, 20, 5, 1]
    console.log(arr);  // [100, 20, 5, 1]（原数组改变）
</script>
```

4）reverse()方法（反转数组）

reverse()方法（反转数组）用于颠倒数组中元素的顺序。

示例如下：

```
<script>
    var arr=[12,25,5,20];
    console.log(arr.reverse());  // [20, 5, 25, 12]
    console.log(arr);  // [20, 5, 25, 12]（原数组改变）
</script>
```

5）concat()方法

concat()方法用于连接两个或多个数组。该方法不会改变现有的数组，而仅仅会返回被连接数组的一个副本。在没有给concat()方法传递参数的情况下，它只是复制当前数组并返回副本。

（1）传入参数是一维数组

示例如下：

```
<script>
    var arr=[1,2,3,4];
    var arr2=[11,12,13];
    var arrCopy = arr.concat(arr2);
    console.log(arr.concat()); // [1, 2, 3, 4]（复制数组）
    console.log(arrCopy); // [1, 2, 3, 4, 11, 12, 13]
    console.log(arr); // [1, 2, 3, 4]（原数组未改变）
</script>
```

（2）传入的参数是二维数组

示例如下：

```
<script>
    var arr=[1,2,3,4];
    var arr2=[11,[12,13]]
    var arrCopy = arr.concat(arr2);
    console.log(arrCopy); // [1, 2, 3, 4, 11, Array(2)]
    console.log(arr); // [1, 2, 3, 4]（原数组未改变）
</script>
```

从上述代码中可以看出，concat () 方法只能将传入数组中的每一项添加到数组中，如果传入数组中的有些项是数组，那么也会把这一数组项当作一项添加到 arrCopy 中。

6）slice () 方法（数组截取）

slice () 方法用于数组截取。

语法格式如下：

```
arr.slice(start,end);
```

- start：必需。规定从何处开始选取。如果是负数，那么它规定从数组尾部开始算起的位置。也就是说，"-1" 指最后一个元素，"-2" 指倒数第二个元素，以此类推。
- end：可选。规定从何处结束选取。该参数是数组片段结束处的数组下标。如果没有指定该参数,那么切分的数组包含从"start"到数组结束的所有元素。如果这个参数是负数,那么它规定的是从数组尾部开始算起的元素。

● 返回值:返回一个新的数组,包含从"start"到"end"(不包括该元素)的"arr"中的元素。

示例如下:

```
<script>
    var arr = [1,4,6,8,12];
    var arrCopy1 = arr.slice(1);
    var arrCopy2 = arr.slice(0,4);
    var arrCopy3 = arr.slice(1,-2);
    var arrCopy4 = arr.slice(-5,4);
    var arrCopy5 = arr.slice(-4,-1)
    console.log(arrCopy1); // [4, 6, 8, 12]
    console.log(arrCopy2); // [1, 4, 6, 8]
    console.log(arrCopy3); // [4, 6]
    console.log(arrCopy4); // [1, 4, 6, 8]
    console.log(arrCopy5); // [4, 6, 8]
    console.log(arr); // [1, 4, 6, 8, 12] (原数组未改变)
</script>
```

7) splice() 方法

splice() 方法用于数组更新,它从数组中添加/删除项目,然后返回被删除的项目。该方法会改变原数组。

语法格式如下:

```
arr.splice(index, howmany, item1,...,itemX)
```

● index:必需。整数,规定添加/删除项目的位置,使用负数可从数组结尾处规定位置。
● howmany:必需。要删除的项目数量。如果设置为 0,则不会删除项目。
● item1,…, itemX:可选。向数组添加的新项目。
● 返回值:含有被删除的元素的数组,若没有删除元素则返回一个空数组。

示例如下:

```
<script>
    var arr = ["张三","李四","王五","小明","小红"];
    /************** 删除 " 王五 "****************/
    var arrReplace1 = arr.splice(2,1);
    console.log(arrReplace1); // [" 王五 "]
    console.log(arr); // [" 张三 "," 李四 "," 小明 "," 小红 "]（原数组改变）
    // 删除多个
    var arrReplace2 = arr.splice(1,2);
    console.log(arrReplace2); // [" 李四 "," 小明 "]
    console.log(arr); // [" 张三 "," 小红 "]
    /************** 添加 " 小刚 "****************/
    var arrReplace3 = arr.splice(1,0," 小刚 ");
    console.log(arrReplace3); // [] （没有删除元素，所以返回的是空数组）
    console.log(arr); // [" 张三 "," 小刚 "," 小红 "]
    // 添加多个
    var arrReplace4 = arr.splice(3,0," 刘一 "," 陈二 "," 赵六 ");
    console.log(arrReplace4); // []
    console.log(arr); // [" 张三 "," 小刚 "," 小红 "," 刘一 "," 陈二 "," 赵六 "]
    /**************" 王五 " 替换 " 小刚 "****************/
    var arrReplace5 = arr.splice(1,1," 王五 ");
    console.log(arrReplace5); // [" 小刚 "]
    console.log(arr); // [" 张三 "," 王五 "," 小红 "," 刘一 "," 陈二 "," 赵六 "]
    // 替换多个
    var arrReplace6 = arr.splice(1,4," 李四 ");
    console.log(arrReplace6); // [" 王五 "," 小红 "," 刘一 "," 陈二 "]
    console.log(arr); // [" 张三 "," 李四 "," 赵六 "]
</script>
```

## 4. 获取 DOM

在 HTML DOM (Document Object Model) 中，每个元素都是节点，使得每个载入浏览器的 HTML 文档都会成为 Document 对象，我们可以通过脚本对 HTML 页面中的所有元素进行访问。

- 文档本身就是一个文档对象；
- 所有 HTML 元素都是元素节点；
- 所有 HTML 属性都是属性节点；

- 插入 HTML 元素的文本是文本节点；
- 注释是注释节点。

（1）通过 name 属性获取 DOM

实现代码如下：

```html
<div id="box">
<input type="text" name="user" />
</div>
<script>
let userInput= document.getElementsByName("user");
</script>
```

注：只有含有 name 属性的元素（表单元素）才能通过 name 属性获取。

（2）通过 querySelector () 方法获取 DOM

实现代码如下：

```html
<div id="box"></div>
<script>
let box= document.querySelector("#box");
</script>
```

querySelector () 方法括号中的值是元素的选择器，所以前面加了"#"符号，使用的是 id 选择器，此方法直接返回 DOM 对象本身。

（3）通过 querySelectorAll () 方法获取 DOM

实现代码如下：

```html
<div class="box">box1</div>
<div class="box">box2</div>
<div class="box">box3</div>
<div class="box">box4</div>
<div class="box">box5</div>
<script>
let box1= document.querySelector(".box");
let boxes= document.querySelectorAll(".box");
</script>
```

querySelector () 和 querySelectorAll () 方法括号中的取值都是选择器，当有多个 class 相同的元素时，使用 querySelector () 方法只能获取到第一个 class 为 box 的元素，使用 querySelectAll () 立法可以获取到所有 class 为 box 的元素的集合。

在所有获取 DOM 对象的方法中，只有 getElementById () 和 querySelector () 这两个方法直接返回 DOM 对象本身，可直接为其绑定事件。

getElementXXX 类型的方法，除了通过 ID 获取元素，其他都返回一个集合，如果需要取到具体的 DOM 元素，则需要添加索引。如 document.getElementsByClassName ("box") [0] 表示获取 class 为 box 的所有元素中的第一个 DOM 元素。

### 5. js 单击事件

（1）通过标签单击

直接通过标签上的 onclick 属性，调用 js 里面的方法。

示例如下：

```html
<!DOCTYPE html>
<html lang="zh">
  <head>
<meta charset="UTF-8">
<title>js 中的单击事件（click）的实现方式</title>
  </head>
<body>
<button id="btn" onclick="threeFn()">点我</button>
<script type="text/javascript">
function threeFn(){
            alert("通过标签 onclick 属性");
        }
</script>
</body>
</html>
```

（2）获取 DOM 单击

通过获取到 DOM 节点，给 DOM 节点添加一个单击事件，调用 js 里面的方法。

示例如下：

```
<!DOCTYPE html>
<html lang="zh">
  <head>
  <meta charset="UTF-8">
  <title>js 中的单击事件（click）的实现方式 </title>
  </head>
<body>
<button id="btn">单击我 </button>
<script type="text/javascript">
var btn = document.getElementById("btn");
        btn.onclick = function(){
            alert (" 获取 DOM 单击 ");
        }
</script>
</body>
</html>
```

（3）通过 addEventListener 监听事件

获取到 DOM 节点，通过监听 DOM 节点的事件，调用 js 里面的方法。

示例如下：

```
<!DOCTYPE html>
<html lang="zh">
  <head>
  <meta charset="UTF-8">
  <title>js 中的单击事件（click）的实现方式 </title>
  </head>
<body>
<button id="btn">单击我 </button>
<script type="text/javascript">
 var btn = document.getElementById("btn");
btn.addEventListener('click', function(){
         alert (" 通过 addEventListener 监听事件 ");
        })
</script>
</body>
</html>
```

项目3 制作网页计算器

**项目实践**

项目操作视频

### 1. HTML 布局

① 创建计算器页面，命名为 calculator.html。

实现代码如下：

```
<!DOCTYPE html>
<html>
<head>
    <meta charset="utf-8">
    <title> 计算器 </title>
    <link rel="stylesheet" type="text/css" href="calculator.css">
</head>
<body>
```

② 添加数字输入区域和文本框，文本框 id 属性为 output，class 属性为 output，设置文本框不可编辑。

实现代码如下：

```
<div class="calculator">
    <input class="output" value="0" id="output" disabled/>
</div>
```

③ 加入数字按键、归零 (AC) 按键和"="按键。

实现代码如下：

```
<div class="numbers">
    <input type="button" value="7">
    <input type="button" value="8">
    <input type="button" value="9">
    <input type="button" value="4">
    <input type="button" value="5">
    <input type="button" value="6">
    <input type="button" value="1">
    <input type="button" value="2">
```

063

```html
    <input type="button" value="3">
    <input type="button" value="0">
    <input type="button" value="AC">
    <input type="button" value="=">
</div>
```

④加入运算符按键。

实现代码如下:

```html
<div class="operators">
    <input type="button" value="*" onclick="calculator.operatorClick(value)">
    <input type="button" value="-" onclick="calculator.operatorClick(value)">
    <input type="button" value="+" onclick="calculator.operatorClick(value)">
    <input type="button" value="/" onclick="calculator.operatorClick(value)">
</div>
```

### 2. CSS 添加样式

① 创建 calculator.css 文件。

② 在页面中引入 calculator.css 文件。

实现代码如下:

```html
<head>
    <meta charset="utf-8">
    <title>计算器</title>
    <link rel="stylesheet" type="text/css" href="calculator.css">
</head>
```

③ 编辑 calculator.css 文件,为页面添加样式。

④ 设置计算区域样式。

实现代码如下:

```css
/* 设置计算区域的宽度、边框、背景色、边距 */
.calculator{
    width: 405px;
    border: 1px solid white;
    background: #ffefd5;
    margin: 50px;
    padding: 20px;
}
```

⑤ 设置输出区域样式。

实现代码如下:

```css
/* 设置计算区域文本框宽度、高度、边距、字体大小、文本右对齐、背景颜色 */
.output{
    width: 356px;
    height: 50px;
    padding: 20px;
    font-size: 20px;
    text-align: right;
    background: white;
}
```

⑥ 设置输出按键样式。

实现代码如下:

```css
/* 设置按键样式 */
input[type=button]{
    border: 1px solid white; /* 边框 */
    width: 100px;
    height: 80px;
    background: grey;
    cursor: pointer; /* 光标形状: 手型 */
    color: white;
    font-size: 30px;
}
```

⑦ 设置输出数字样式。

实现代码如下：

```css
/* 数字样式 */
.numbers{
    width: 300px;
    /* 弹性布局 */
    display: inline-flex;
    flex-wrap: wrap;
}
```

⑧ 设置输出符号样式。

实现代码如下：

```css
.operators{
    width: 100px;
    position: relative;
    left: -3px;
    /* 弹性布局 */
    display: inline-flex;
    flex-wrap: wrap;
}
```

### 3. JavaScript 计算

① 创建 calculator.js 文件。

② 导入 JS 文件。

实现代码如下：

```html
<head>
    <meta charset="utf-8">
    <title> 计算器 </title>
    <link rel="stylesheet" type="text/css" href="calculator.css">
    <script type="text/javascript" src="calculator.js"></script>
</head>
```

③ 定义 1 个变量和 1 个对象，对象中包括 1 个计算数组和 4 个计算方法。

实现代码如下：

```javascript
// 计算对象
var calculator = {
    // 用于保存输入的数字和符号数据
    number:[],
    // 计算方法
    numberClick: numberClick,
    operatorClick: operatorClick,
    equalClick: equalClick,
    cleanClick: cleanClick
};
```

④ 数字按键 click 事件调用方法。

实现代码如下：

```javascript
/*---数字按键 click 事件调用方法---*/
// 输入数字方法
var numberClick = function (value){
    var val = document.getElementById("output").value;
    // 显示框为 0 时，输入 0 无效
    if(value == "0" && val == "0"){
        return;
    };
    if(val == "0"){
        // 如果显示框为 0，则去掉 0，只显示输入值
        document.getElementById("output").value = value;
    }else{
        // 在显示框中显示对应字符
        document.getElementById("output").value = val + value;
    }
}
```

⑤ 运算符按键 click 事件调用方法。

实现代码如下：

```
// 输入运算符方法
var operatorClick = function(value){
    var val = document.getElementById("output").value;
    // 判断是否连续输入了两次运算符,运算符后面输入数字,不能连续输入多个运算符
    if(val[val.length - 1] == ""){
        return;
        // console.log("111");
    }
    // 在显示框中显示对应运算符
    document.getElementById("output").value = val + "" +value+ "";
}
```

⑥ 调用数字和运算符按键 click 事件。

实现代码如下:

```
<div class="numbers">
    <input type="button" value="7"onclick="calculator.numberClick(7)">
    <input type="button" value="8"onclick="calculator.numberClick(8)">
    <input type="button" value="9"onclick="calculator.numberClick(9)">
    <input type="button" value="4"onclick="calculator.numberClick(4)">
    <input type="button" value="5"onclick="calculator.numberClick(5)">
    <input type="button" value="6"onclick="calculator.numberClick(6)">
    <input type="button" value="1"onclick="calculator.numberClick(1)">
    <input type="button" value="2"onclick="calculator.numberClick(2)">
    <input type="button" value="3"onclick="calculator.numberClick(3)">
    <input type="button" value="0"onclick="calculator.numberClick(0)">
</div>
```

输入算式,效果如图 3-2 所示。

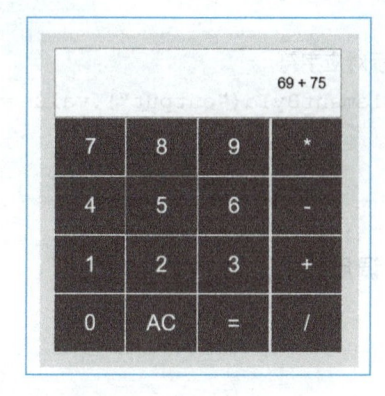

图 3-2　计算器运行效果

⑦ 计算并显示结果。

实现代码如下：

```javascript
// 计算并显示结果
var equalClick = function(){
    // 分割算术数组
    this.number = document.getElementById("output").value.split("");
    console.log(this.number);
    // 计算乘除
    for (var index = 0; index < this.number.length; index++) {
        // 若输入的字符最后为乘或除运算符，则在最后面加1
        if(this.number[index + 1] == ""){
            this.number[index + 1] = 1;
        }
        if(this.number[index] == "*") {
            // 删除数组内已计算数字，并添加计算后数字
            var index_num = Number(index);
            console.log(index_num);
            var firstNum = Number(this.number[index_num - 1]);
            var secondNum = Number(this.number[index_num + 1]);
            var result = firstNum * secondNum;
            this.number.splice(index_num - 1, 3, result);
        }else if(this.number[index] == "/") {
            // 删除数组内已计算数字，并添加计算后数字
            var index_num = Number(index);
            var firstNum = Number(this.number[index_num - 1]);
            var secondNum = Number(this.number[index_num + 1]);
            var result= firstNum / secondNum;
            this.number.splice(index_num - 1, 3, result);
        }
    }
    // 计算加减
    for(var index = 0; index < this.number.length; index++) {
        if(this.number[index] == "+" || this.number[index] == "-") {
            if(this.number[index] == "+") {
                // 删除数组内已计算数字，并添加计算后数字
                var index_num = Number (index);
                var firstNum = Number(this.number[index_num - 1]);
                var secondNum = Number(this.number[index
```

```
            num + 1]);
                    var result= firstNum + secondNum;
                    this.number.splice(index_num - 1, 3, result);
                }else if(this.number[index] == "-") {
                    // 删除数组内已计算数字，并添加计算后数字
                    var index_num = Number (index);
                    var firstNum = Number(this.number[index_num - 1]);
                    var secondNum = Number (this.number[index_num + 1]);
                    var result = firstNum - secondNum;
                    this.number.splice(index_num - 1, 3, result);
                }
            }
        }
        document.getElementById("output").value = this.number[0];
    }
```

⑧ 清空计算。

实现代码如下：

```
// 清空计算
// 清空数据
var cleanClick=function(){
    document.getElementById("output") .value = "";
}
```

⑨ 为 "=" 按键和清空按键注册 click 事件

实现代码如下：

```
<input type="button" value="AC" onclick="calculator.cleanClick()">
<input type="button" value="="onclick="calculator.equalClick()">
```

### 4. 扩展功能（验证正则表达式）

（1）手动输入运算表达式并计算

在计算器的文本框中可以手动输入运算表达式，根据表达式进行计算。

实现代码如下：

```
<input class="output" value="0" id="output" onblur="fn()" />
```

（2）编写正则表达式

计算区域输入格式的要求主要以下几点。

● 开头为数字（数字至少为一位），对应的正则表达式为"\\d+"。

● 接下来为一个运算符（"+"或"-"或"*"或"/"）和一个数字（数字至少为一位），对应的正则表达式为"[+*/-]\\d+"。

● 上一条要求中的符号和数字组合可以出现多次，如"([+*/-]\\d+)+"。

● 正则表达式以"^"开头，以"$"结尾，结合第一点要求和第三点要求中的表达式，最终的正则表达式为"^\\d+([+*/-]\\ct+)+$"。

（3）应用正则表达式进行验证

在 **fn** () 函数中使用正则表达式验证文本框输入内容是否为运算表达式格式：如果是，则单击"="按键计算结果；反之，则提示用户重新输入。

实现代码如下：

```
var fn = function(){
    var val = document.getElementById("output").value;
    var reg = new RegExp("^\\d+([+*/-]\\d+)+$");
    if(!reg.test(val)){ // 如果验证不通过，则弹出提示，并置空文本框
        alert(" 请输入正确的计算表达式 ");
        document.getElementById("output").value = "";
        return false;
    }else{
        // 如果验证通过，则进行计算
        // 获取运算符
        var reg1 = /[+*/-]/g;
        var str = (val.match(reg1));
        // 获取数字
        var reg2 = /\d+/g;
        var str2 = (val.match(reg2));
        var str1 = [];
        var res = "";
        // 在运算符和数字之间加入一个空格符号
        for(var i = 0; i < str.length; i++){
            str1[i] = "" + str[i] + "";
            res += str2[i] + str1[i];
        }
        var res1 = res + str2[str2.length-1];
```

```
            document.getElementById("output").value = res1;
    }
}
```

正则表达式验证不通过的运行效果如图 3-3 所示。

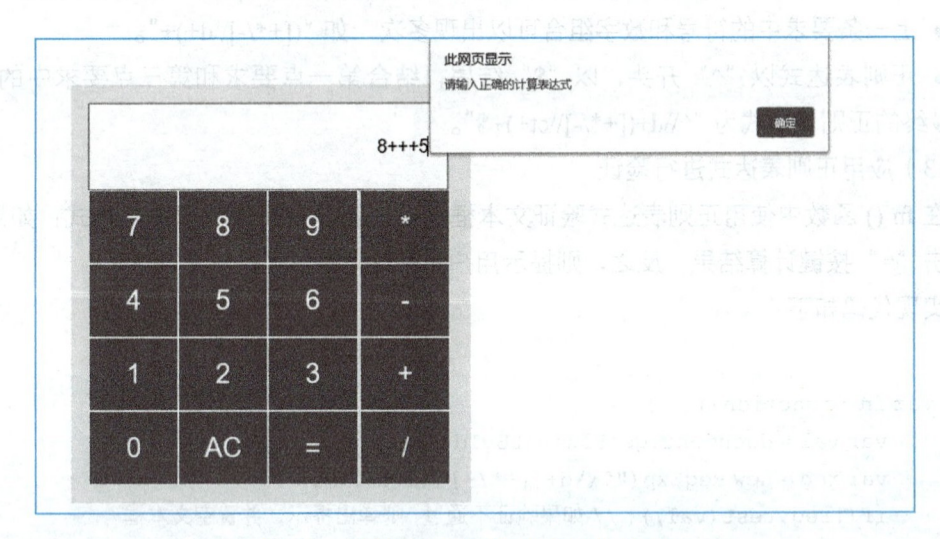

图 3-3　正则表达式验证不通过的运行效果

## 项目拓展

在本项目的基础上优化主体内容结构，增加角色选择，对应不同的计算公式；充实页面主体内容，使页面内容更加充实与饱满。

# 项目 4

## 制作天气预报网

项目教学PPT

## 项目情景

随着信息技术的发展，人们获取信息的方式也越来越多样。过去人们想看未来的天气情况，只能看电视或听广播，发展到后来可以打开计算机，上网查天气，再到现在的随时随地打开手机，查看天气情况。信息技术尤其是移动网络信息技术起到了至关重要的作用。我们只要打开含有天气预报的网页，就可以在手机端或任何移动端设备上查看想知道地区的天气预报，非常便捷。

本项目设计一个提供天气资讯的网页。网页中，我们提供近三天的天气信息，该网页应该能够完美适应手机端。

## 项目分析

通过 HTML5 文本标签、图片标签显示文本内容和对应图标，天气预报页面效果如图 4-1 所示，天气预报中主要包括以下几个方面的内容。

（1）天气的图示：晴天、阴天、小雨三个图标；
（2）气温提示：显示温度；
（3）出门提醒：根据天气情况给出不同的提醒。

今天
晴天
今天天气晴
气温35°C
出门注意防晒

明天
阴天
明天阴天
气温28°C
适合室外活动

后天
小雨
后天小雨
气温27°C
出门记得带伞

图 4-1　天气预报页面效果

## 学习目标

### （一）知识目标

（1）理解 HTML5 新增语义化元素，掌握 HTML5 页面增强元素和 HTML5 多媒体元素的用法；

（2）掌握 CSS 移动端适配方法，掌握移动端页面常用单位的用法；
（3）掌握 CSS3 移动端布局的方法；
（4）掌握 CSS3 新增过渡和动画特性；
（5）理解 Ajax，掌握 Ajax 的使用方法。

## （二）技能目标

（1）能够正确使用 HTML5 语义化标签、HTML5 页面增强标签、HTML5 多媒体标签；
（2）能够使用移动端常用单位，能够使用 CSS 完成页面的移动端适配；
（3）能够运用 CSS3 控制过渡和动画效果；
（4）能够熟练使用 Ajax 的 XML、JSON 数据格式与网站后端进行数据交互。

## （三）素质目标

（1）培养 Web 移动端页面开发的标准意识；
（2）具备移动端网页和服务器端进行交互的设计能力。

## 任务 1　完成天气预报页面内容

### 任务描述

根据项目任务需求，完成天气预报页面布局。使用 HTML 常用标签搭建天气预报页面主体结构，并填充天气预报页面内容。

### 知识准备

#### 1. HTML5 新增语义化元素

1）HTML5

从 2010 年开始，HTML5 和 CSS3 就一直是互联网技术中最受关注的两个话题。从事互联网开发的人都认为，互联网开发分为三个阶段：第一个阶段称为 Web 1.0 网络阶段，前端技术以 HTML 和 CSS 为核心；第二个阶段称为 Web 2.0 的 Ajax 应用阶段，前端技术的核心为 JavaScript、DOM 和异步请求；第三个阶段就是现在到将来的阶段，很多人称之为 Web 3.0，其核心技术是 HTML5+CSS3，这两项技术相辅相成，使互联网进入一个崭新的阶段。

2）HTML5 基本文档结构

首先，我们需要建立一个 HTML5 的文档页面 index.html，并在其中添加基本的 HTML5 文档结构代码。

示例如下：

```
<!DOCTYPE html>
<!-- 注意 HTML5 的文档声明与之前的声明不同，它更简单 -->
<html>
<head>
<!-- 指定文档字符编码类型为 UTF-8 编码 -->
<meta charset="utf-8">
<title> 天气预报网 </title>
</head>
<body>

</body>
</html>
```

HTML5 的模板代码相比之前并没有发生革命性的变化，最大的不同在于文档声明语句被简化了许多。我们可以比较一下 HTML5 和 HTML4 的文档声明语句。

在 HTML5 中，文档声明代码如下：

```
<!DOCTYPE html>
```

在 HTML4 中，文档声明代码如下：

```
<!DOCTYPE HTML PUBLIC "-//W3C//DTD HTML 4.01 Transitional//EN""http://www.w3.org/TR/html4/loose.dtd">
```

另外，我们还可以发现文档编码的指定语句发生了变化。

在 HTML4 中，使用 meta 标签的形式指定文件中的字符编码，代码如下：

```
<meta http-equiv="Content-Type" content="text/html;charset=UTF-8">
```

在 HTML5 中，可以使用对 <meta> 标签直接追加 charset 属性的方式来指定字符编码，代码如下：

```
<meta charset="UTF-8">
```

在 HTML5 中，两种方式都有效，可以继续使用前面那种方式（通过 content 属性来指定），但是不能混合使用两种方式。

在以前的 HTML 代码中可能会存在下面代码所示的标记方式，但在 HTML5 中，这种字符编码方式将被认为是错误的。

错误代码示例如下：

```
<meta charset="UTF-8" http-equiv="Content-Type"
content="text/html;charset=UTF-8">
```

从 HTML5 开始，请尽量使用 UTF-8 作为文档默认字符编码。

3）HTML5 语义化标签

HTML5 之前的版本，在实现 HTML 页面时，程序员基本上都是用了 Div+CSS 的布局方式，对 Div 有很强的依赖。Div 用起来虽然很灵活，但是缺点也非常明显。比如搜索引擎抓取页面的内容时，它只能猜测某个 Div 是文章内容的容器，或者是导航模块的容器，或者是作者介绍的容器等。也就是说，整个 HTML 文档结构定义不清晰，从而导致搜索引擎抓取困难，影响网站推广。

在 HTML5 中，为了解决这个问题，专门添加了页眉、页脚、导航、文章内容等跟结构相关的结构元素标签，我们称这些标签为语义标签或者结构化标签。HTML5 中常用的语义标签有 header、nav、body、article、section、aside、hgroup、figure、figcaption、footer 等。通过这些语义标签，程序员可以方便灵活地将页面划分为不同的逻辑区域。

在讲解这些新标签之前，我们先来看一个普通的页面布局方式，如图 4-2 所示。

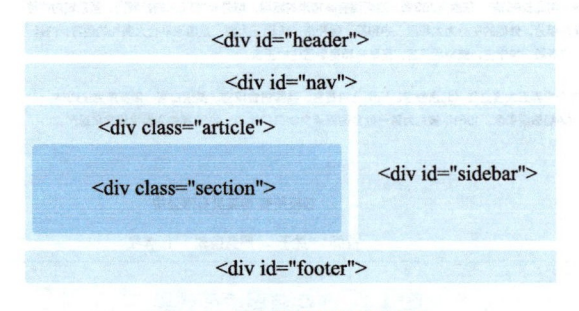

```
<div id="header">
<div id="nav">
<div class="article">
    <div class="section">
<div id="sidebar">
<div id="footer">
```

图 4-2　普通的页面布局图

在图 4-2 中我们可以非常清晰地看到，一个普通的页面会包括头部、导航和文章内容，还有附着的右边栏，还有底部等模块，而我们是通过 class 进行区分的，并通过不同的 CSS 样式来处理。但相对来说，class 不是通用的标准规范，搜索引擎只能猜测某部分的功能；另外如果视力障碍人士阅读此页面程序，则文档结构和内容呈现的不清晰。HTML5 新标签带来的新布局如图 4-3 所示。

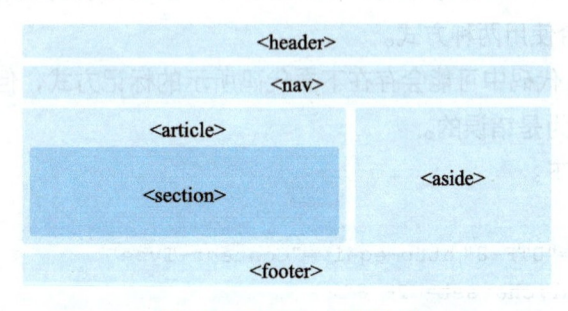

图 4-3 HTML5 页面布局

下面我们就通过一个简单的案例介绍这些标签的使用方法。

博客是一个需要语义标签的常见场景，其中会涉及头部、页脚、多种导航、文章等逻辑区域。在这里实现一个简单的博客首页，其页面效果如图 4-4 所示。

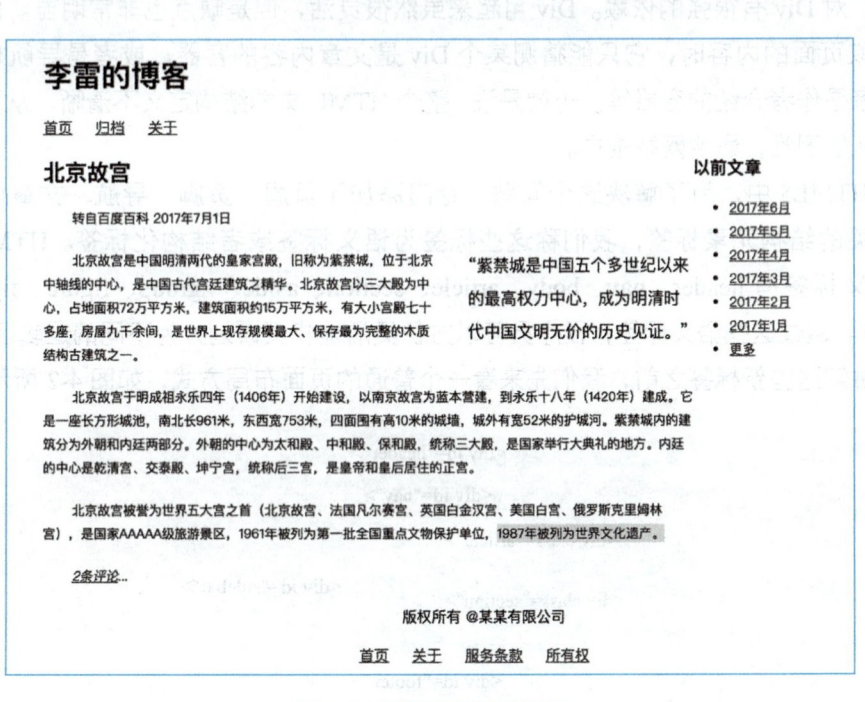

图 4-4 博客首页页面效果

这是一个典型的博客结构。页面中头部区域下方紧跟着的是水平导航区域。在主区域中，可以有多篇文章，而且每篇文章都有自己的头部、页脚及一个醒目的旁白区域。此外，还有一个侧边栏，它包含了一些导航链接。页面最下方是页脚，它包含了版权信息及联系方式等导航链接。整个页面的结构使用语义标签描述，如图4-5所示。

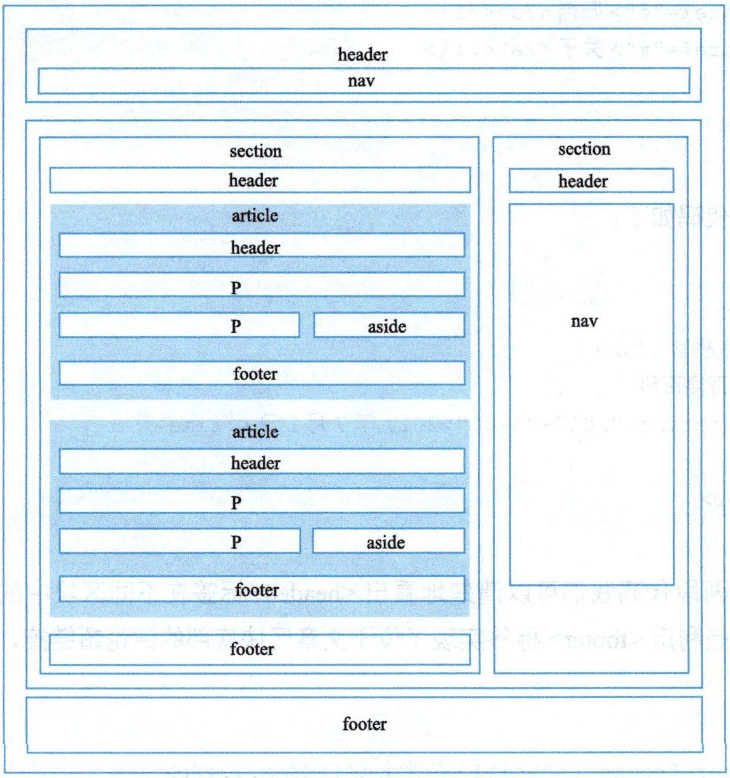

图 4-5　博客页面结构

（1）<header> 和 <footer> 标签

<header> 标签定义文档的页眉。它通常都包含一些导航、文章标题或者介绍性的内容。

<footer> 标签定义文档或节的页脚。它应当包含元素的信息，比如包含文档的作者、版权信息、使用条款链接、联系信息等。

<header> 和 <footer> 标签都可以在一个文档中多次使用。

下面两段代码中的 <header> 标签分别实现"李雷的博客"页面中的页面导航和文章标题。

页面导航栏代码如下：

```
<header id="page_header">
<h1> 李雷的博客 </h1>
<nav>
<ul>
<li><a href="#"> 首页 </a></li>
<li><a href="#"> 归档 </a></li>
<li><a href="#"> 关于 </a></li>
</ul>
</header>
```

文章标题代码如下：

```
<header>
<h2> 北京故宫 </h2>
<p> 转自百度百科
<time datetime="2017-07-01">2017 年 7 月 1 日 </time>
</p>
</header>
```

通过上面两段代码我们可以清楚地看出 <header> 标签在不同区块中的不同作用。下面这段代码则是利用 <footer> 标签实现了位于文章区块底部的评论超链接，代码如下：

```
<footer>
<p><a href="comments"><i>12 条评论 </i></a>...</p>
</footer>
```

（2）<nav> 标签

<nav> 标签定义导航链接集合。其旨在定义大型的导航链接块。不过，并非文档中所有链接都应该位于 <nav> 标签中，可参考"李雷的博客"页面导航的实现代码，这里不再赘述。此外，在这个页面中底部导航和右侧的侧边导航也都用到了 <nav> 标签。

（3）<section> 标签

<section> 标签在 W3C 的 HTML 文献中的解释为"节"（section），意思是有主题的内容组，通常具有标题。它的作用就是表示页面中的逻辑区域，但不能简单地认为它是 <div> 的替代者。<section> 标签并不是一个通用的容器。

<section> 标签看起来像是有语义版的 <div>，用在一个专题性的板块，且通常带有一个标题。此外，它通常要和 id、class 属性配合使用，从这一点上来讲和 <div> 标签真的很相似。

一般来说，适合使用 <section> 标签的地方有以下几个：
- 文章的评论列表，有着整齐的结构；
- 文章内容的目录，有着文章内部结构纲要；
- 侧栏 widget，因为 widget 内容大都是评论列表、文章列表，有着清晰的结构且是独立完整的一部分；
- 文章中各个章节的段落。

在"李雷的博客"页面中，文章区域和右侧的侧边导航都是使用 <section> 标签来定义的。

右侧导航栏的代码如下：

```html
<section id="sidebar">
<nav>
<h3> 以前文章 </h3>
<ul>
<li><a href="2013/6">2017 年 6 月 </a></li>
<li><a href="2013/5">2017 年 5 月 </a></li>
<li><a href="2013/4">2017 年 4 月 </a></li>
<li><a href="2013/3">2017 年 3 月 </a></li>
<li><a href="2013/2">2017 年 2 月 </a></li>
<li><a href="2013/1">2017 年 1 月 </a></li>
<li><a href="all"> 更多 </a></li>
</ul>
</nav>
</section>
```

（4）<article> 标签

官方文档中对于 <article> 标签的描述是"在文档、页面、应用或是站点上的一个独立部分，并且大体上，是可独立分配，或是重复使用的，例如在发布时。这个可以是论坛帖子、杂志，或是新闻、博客条目、用户提交的评论、互动的小工具，或任何其他独立项目的内容。"

可以看出 <article> 标签专用于结构化文章，特别是计划发布的，如博客、页面内容或论坛帖子等。

（5）<aside> 标签

很多时候一篇文章需要增加一些额外的辅助信息，比如旁白、描述、图表等，这时候比较适合使用的标签是 <aside>。一般来说，<aside> 标签总是和 <article> 标签搭配使用的，<aside> 标签是 <article> 标签的辅助。

定义"李雷的博客"页面中的一篇文章（<article>），并且在文章右侧放置一段旁白（<aside>）。

实现代码如下：

```
<article class="post">
<header>
<h2> 北京故宫 </h2>
<p> 转自百度百科
<time datetime="2017-07-01">2017 年 7 月 1 日 </time>
</p>
</header>
<aside>
<p>
        "紫禁城是中国五个多世纪以来的最高权力中心，成为明清时代中国文明无价的历史见证。"
</p>
</aside>
<p>
        北京故宫是中国明清两代的皇家宫殿，旧称为紫禁城，位于北京中轴线的中心，是中国古代宫廷建筑之精华。北京故宫以三大殿为中心，占地面积 72 万平方米，建筑面积约 15 万平方米，有大小宫殿七十多座，房屋九千余间，是世界上现存规模最大、保存最为完整的木质结构古建筑之一。
</p>
<p>
        北京故宫于明成祖永乐四年（1406 年）开始建设，以南京故宫为蓝本营建，到永乐十八年（1420 年）建成。它是一座长方形城池，南北长 961 米，东西宽 753 米，四面围有高 10 米的城墙，城外有宽 52 米的护城河。紫禁城内的建筑分为外朝和内廷两部分。外朝的中心是太和殿、中和殿、保和殿，统称三大殿，是国家举行大典礼的地方。内廷的中心是乾清宫、交泰殿、坤宁宫，统称后三宫，是皇帝和皇后居住的正宫。
</p>
```

```
<p>
    北京故宫被誉为世界五大宫之首（北京故宫、法国凡尔赛宫、英国白金汉宫、美国白
宫、俄罗斯克里姆林宫），是国家 AAAAA 级旅游景区，1961 年被列为第一批全国重点文物保护
单位，1987 年被列为世界文化遗产。
</p>
<footer>
<p><a href="comments"><i>2 条评论 </i></a>...</p>
</footer>
</article>
```

#### 2. HTML5 页面增强元素

在 HTML5 中，为了更好地和用户进行交互、增强页面效果，增加了一些页面增强元素并对表单元素的属性进行了扩充，如表 4-1 所示。

表 4-1　HTML5 页面增强元素及其描述

| 元素名 | 描述 |
| --- | --- |
| figure | 用来表示网页中一块独立的内容，将其从网页移除后不会对网页中的其他内容产生任何影响 |
| figcaption | 表示 figure 元素的标题，从属于 figure 元素，必须写在 figure 元素内部，可以书写在 figure 元素内的其他从属元素的前面或后面 |
| details | 用于标识该元素内部的子元素可以展开、收缩显示的元素 |
| summary | 从属于 details 元素，在用鼠标单击 summary 元素中的内容文字时，details 元素中的其他所有从属元素将会展开或收缩 |
| mark | 作用是突出显示页面的某一块内容 |
| progress | 用来显示任务的进度 |
| meter | 定义已知范围或分数值内的标量测量 |

HTML5 中的这些增强元素在网页中使用时，需要注意其浏览器兼容性，在 PC 端浏览器的支持效果并不理想，而在移动端支持效果比较完美。

#### 3. HTML5 多媒体元素

HTML5 规范中对多媒体呈现做出了很多改进，可以更加方便简捷地帮助程序员在页面中呈现音频及视频等多媒体资源，使用的标签如表 4-2 所示。

表 4-2　HTML5 常用多媒体标签及其描述

| 标签名 | 描述 |
| --- | --- |
| <video> | 定义一个视频 |
| <audio> | 定义音频内容 |
| <source> | 定义媒体资源，嵌入在 <video> 或者 <audio> 内部 |

示例如下：

```
<!DOCTYPE html>
<html>
<head>
<meta charset="utf-8">
<title>HTML5 视频 </title>
</head>
<body>
<video width="320" height="240" controls>
<source src="movie.mp4" type="video/mp4">
<source src="movie.ogg" type="video/ogg">
  您的浏览器不支持 HTML5 video 标签。
</video>
</body>
</html>
```

多媒体元素页面效果如图 4-6 所示：

图 4-6　多媒体元素页面效果

HTML5 的 <video> 标签视频支持主流的 mp4 格式，还支持 WebM 和 Ogg 格式。音频标签 <audio> 支持主流的 mp3 格式。

**任务实施**

任务操作视频

1. 制作页面结构

在项目主文件夹中创建天气预报网页面文件，命名为 weather_forecast.html。创建 img 文件夹，把表示天气情况的图片导入进来。

页面结构实现代码如下：

```html
<!DOCTYPE html>
<html>
  <head>
    <meta charset="utf-8">
    <title> 天气预报网 </title>
  </head>
  <body>

  </body>
</html>
```

2. 搭建主体内容

（1）在 body 标签里添加弹性布局

实现代码如下：

```html
<ul>
  <li>
    <p> 今天 </p>
    <img src="images/weather1.png">
    <p> 晴天 </p>
  </li>
  <li>
    <p> 明天 </p>
    <img src="images/weather2.png">
```

```html
        <p>阴天</p>
      </li>
      <li>
        <p>后天</p>
        <img src="images/weather3.png">
        <p>小雨</p>
      </li>
    </ul>
    <div id="news">
      <div>今天天气晴 <br />气温 35° C<br />出门注意防晒 </div>
      <div>明天阴天 <br />气温 28° C<br />适合室外活动 </div>
      <div>后天小雨 <br />气温 27° C<br />出门记得带伞 </div>
    </div>
```

### （2）样式表设计

页面内容分为上下两部分，上部分使用 ul、li 将内容分为三部分，下部分使用 div 将内容分为三部分，上下对应，用来显示今天、明天和后天的天气情况。

样式表实现代码如下：

```css
*{box-sizing: border-box;}
ul, li {
  list-style: none;
  /* 去黑点 */
  margin: 0px;
  /* 外边距 */
  padding: 0px;
  /* 内边距 */
}
li {
  border: 1px solid #d4d4d4;
  /* 设置边框 */
  text-align: center;
  /* 居中 */
  border-radius: 20px;
  /* 设置边框圆角 */
}
li p {
  text-align: center;
```

```css
  /* 居中 */
}
li:first-child {
  background-color: rgba(199, 166, 4, 0.1);
  /* 设置背景颜色 rgba 的透明度为 0.1*/
}
@keyframes anima {
  /* 定义动画效果 */
  from {
    /* 开始的角度 */
    transform: rotate(0deg);
    /* 角度从 0 开始 */
  }
  to {
    /* 结束的角度 */
    transform: rotate(360deg);
    /*360 结束 */
  }
}
li:first-child img:hover {
  animation-name: anima;
  /* 定义播放的动画的名字 */
  animation-duration: 10s;
  /* 动画播放时间 */
  animation-iteration-count: infinite;
  /* 定义动画播放时间，次数为无限 */
}
/* 定义自定义字体 */
@font-face {
  font-family: cssFont;
  src: url('font/1.ttf');
}
/* 使用 :first-child 伪类选择今天的 p 标签 */
li:first-child p {
  font-family: cssFont;
}
ul {
  display:-webkit-flex;
  display: flex;
```

```
  /* 设置弹性布局盒子 */
}
li {
  /* 弹性盒子分配自适应比例, 为 1 时等比分配 */
  flex-grow: 1;
}
#news {
  column-count: 3;
  /* 分为 3 列 */
  column-gap: 50px;
  /* 中间的间隔 */
}
```

注释:

● 在 CSS 样式中, 第一行 *{box-sizing:border-box;} 定义了所有元素的盒子模型的宽和高从 border 算起;

● 为第一个 li 定义了鼠标移动至此处的动画效果;

● ul 采用了弹性布局, 具体 CSS 代码不再详细讲述。

天气预报页面效果如图 4-7 所示。

今天天气晴
气温35℃
出门注意防晒

明天阴天
气温28℃
适合室外活动

后天小雨
气温27℃
出门记得带伞

图 4-7  天气预报页面效果

## 任务拓展

在本项目任务 1 的基础上, 结合伪类选择器相关知识, 为明天和后天天气图标添加鼠标移入的动画效果。(提示: 选择器可以考虑使用 :hover、:nth-child (n) 等伪类选择器)

## 任务 2  为天气预报页面进行移动端适配

**任务描述**

在本项目任务 1 中，如果在手机端浏览天气预报网页，文字将变得特别小，如图 4-8 所示，需要用手指进行放大操作，才能清楚地看到网页内容。开发者需要修改任务 1 的页面，使其在移动端能够正常浏览显示。

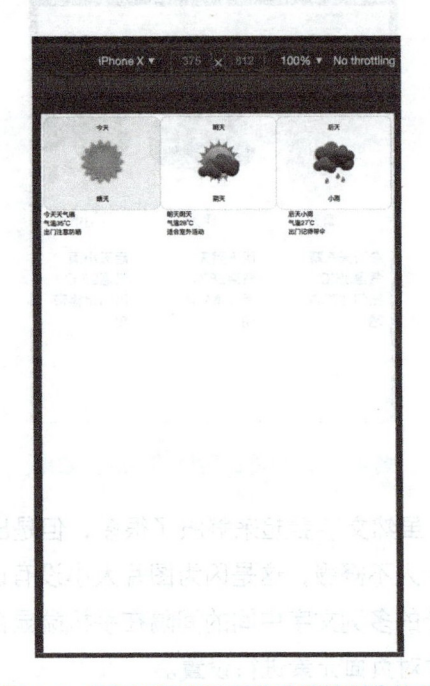

图 4-8  天气预报网页在移动端的浏览效果

**知识准备**

### 1. 视口（viewport）应用

从图 4-8 中可以看出，对于小屏幕移动设备而言，情况会比较复杂，典型的问题是文字太小。要解决这个问题，应考虑使用视口来保证网页在手机上看起来更像桌面浏览器中的样子。

事实上，每个移动端的页面中都需要使用视口，这样才能使页面在移动端浏览器中的显示看起来更舒服。视口的设置需要使用 <meta> 标签，在 <head> 和 </head> 标签中添加

如下内容:

```
<meta name="viewport" content="width=device-width, initial-scale=1.0">
```

此时的移动端浏览效果如图 4-9 所示。

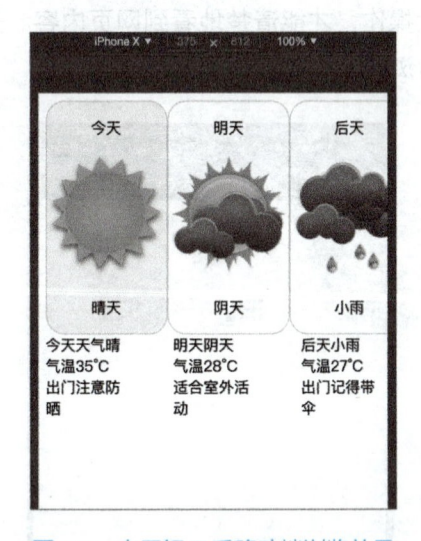

图 4-9 应用视口后移动端浏览效果

在图 4-9 中可以看出,虽然文字看起来舒服了很多,但是出现了两个问题:一是表示天气的图片看起来很大,令人不舒服,这是因为图片大小没有设置,浏览器会采用图片原来的真实尺寸;二是下部分的多列文字中间的间隔在手机端显得太大了。可以使用媒体查询功能针对不同的屏幕尺寸对页面元素进行设置。

进行视口设置时,content 可以指定的属性及其描述如表 4-3 所示。

表 4-3　content 可以指定的属性及其描述

| 属性名 | 描述 |
| --- | --- |
| width | 视口宽度,常用值 device-width |
| initial-scale | 初始缩放比例,常用值 1.0 |
| user-scalable | 用户是否可以进行缩放,取值 yes/no |
| minimum-scale | 允许用户最小缩放值 |
| maximum-scale | 允许用户最大缩放值 |

## 2. 媒体查询

进行媒体查询必须知道浏览网页的设备的相关信息，比如屏幕大小、分辨率、颜色位深等。针对这些信息，可以分别对应不同的样式甚至替换整个样式表。

1）基本结构

最简单的媒体查询在样式表里就是一个独立的代码块。这个代码块以 @media 开头，随后是一对圆括号，然后是一对大括号，其中包括符合条件应用的样式。媒体查询的基本结构代码如下：

```
@media(media-feature:value){
  /* 符合条件应用的样式 */
}
// 如果浏览器当前的条件与圆括号中的条件匹配，它就会采用大括号中的样式；如果不匹配，就忽略
```

在使用媒体查询之前，必须知道可以查询媒体的哪些条件。媒体查询标准规定了可以查询的各种信息，这些信息称为媒体特性。

媒体查询中常用的特性如下：

```
media_feature: width | min-width | max-width | height | min-height | max-height
  | device-width | min-device-width | max-device-width | device-height
| min-device-height | max-device-height | aspect-ratio | min-aspect-ratio
| max-aspect-ratio | device-aspect-ratio | min-device-aspect-ratio
| max-device-aspect-ratio | color | min-color | max-color
```

2）创建简单的媒体查询

大多数媒体查询都允许指定最大或最小限制。使用媒体查询之前，首先要选择检测的属性。例如，要针对窄屏窗口设置一组样式，就应选择 **max-width**。之后，可以随意设置限制。

下面的示例中，媒体查询块的样式会在浏览器窗口小于等于 480 像素时应用。

示例如下：

```
@media(max-width:480px){
  ...
}
```

要检测某个媒体查询，可以通过它应用一种明显的变化。比如，可以通过媒体查询修改表示天气的图片的大小。

示例如下：

```
@media(max-width:480px){
  li img{
    width:50%;
  }
}
```

此时在移动端的显示效果如图 4-10 所示。

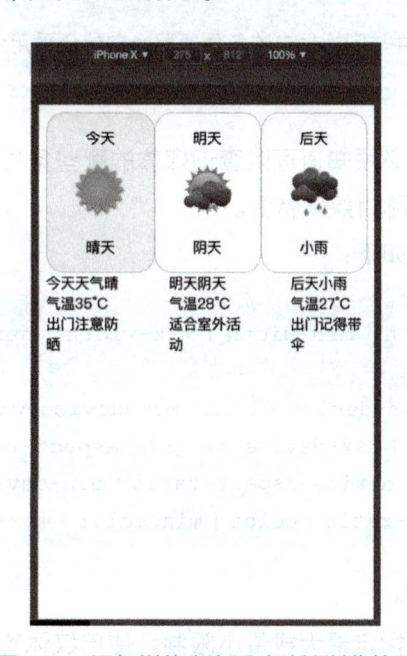

图 4-10　添加媒体查询后移动端浏览效果

3）媒体查询的高级条件

有时候，需要通过媒体查询设定更具体的样式，这就需要更多的条件。

示例如下：

```
@media(min-width:400px) and (max-width:700px){
  /* 符合条件的媒体应用 */;
}
```

这种媒体查询快非常适合几组互相排斥的样式,又不会带来令人头疼的样式分层问题。

示例如下:

```
/* 正常的样式 */
@media(min-width:600px) and (max-width:700px){
  /* 重写满足条件的媒体应用 */;
}
@media(min-width:400px) and (max-width:599.9px){
  /* 重写符合条件的媒体应用 */;
}
@media (max-width:399.99px){
  /* 重写符合条件的媒体应用 */;
}
```

### 3. CSS 单位

在 CSS 单位中,入门者第一个接触的就是 px,表示像素。除 px 之外,CSS 中还有很多单位可以使用,它们往往应用于不同的场合。表 4-4 列出了常用的 CSS 单位。

表 4-4 常用的 CSS 单位

| 单位 | 描述 |
| --- | --- |
| px | 1px 是显示器的一个设备像素(点) |
| % | 占父元素的百分比 |
| em | 相对于父容器的倍数 |
| rem | 相对于根元素 html 的倍数 |
| vw | 相对于视口宽度的 1% |
| vh | 相对于视口高度的 1% |

**任务实施**

任务操作视频

根据前文介绍的内容,我们为页面添加视口,并采用媒体查询功能,调整页面以适应移动端显示。采用媒体查询将天气图标调整为容器大小的 50%,将页面下部三列内容的间隔调整得小一些。

实现代码如下：

```html
<!DOCTYPE html>
<html>
    <head>
        <meta charset="UTF-8">
        <title>天气预报网</title>
        <meta name="viewport" content="width=device-width, initial-scale=1.0">
        <style type="text/css">
            *{box-sizing: border-box;}
            /* body {
                font-size: 27x;
            } */
            ul,li {
                list-style: none;
                /* 去黑点 */
                margin: 0px;
                /* 外边距 */
                padding: 0px;
                /* 内边距 */
            }
            li {
                border: 1px solid #d4d4d4;
                /* 设置边框 */
                text-align: center;
                /* 居中 */
                border-radius: 20px;
                /* 设置边框圆角 */
            }
            li p {
                text-align: center;
                /* 居中 */
            }
            li:first-child {
                background-color: rgba(199, 166, 4, 0.1);
                /* 设置背景颜色 rgba 的透明度为 0.1*/
            }
```

```css
@keyframes anima {
    /* 定义动画效果 */
    from {
        /* 开始的角度 */
        transform: rotate(0deg);
        /* 角度从 0 开始 */
    }
    to {
        /* 结束的角度 */
        transform: rotate(360deg);
        /*360 结束 */
    }
}
li:first-child img:hover {
    animation-name: anima;
    /* 定义播放的动画的名字 */
    animation-duration: 10s;
    /* 动画播放时间 */
    animation-iteration-count: infinite;
    /* 定义动画播放时间，次数为无限 */
}
/* 定义自定义字体 */
@font-face {
    font-family: cssFont;
    src: url('font/1.ttf');
}
/* 使用 :first-child 伪类选择今天的 p 标签 */
li:first-child p {
    font-family: cssFont;
}
ul {
    display: -webkit-flex;
    display: flex;
    /* 设置弹性布局盒子 */
}
li {
    /* 弹性盒子分配自适应比例，为 1 时等比例分配 */
    flex-grow: 1;
}
```

```html
            #news
    {
        column-count: 3;
        /* 分为 3 列 */
        column-gap: 50px;
        /* 中间的间隔 */
    }
    @media(max-width:480px){
        li img{
        width: 50%;
        }
        #news{
            column-gap: 2rem;
        }
    }
    </style>
</head>
<body>
    <ul>
        <li>
            <p> 今天 </p>
            <img src="images/weather1.png">
            <p> 晴天 </p>
        </li>
        <li>
            <p> 明天 </p>
            <img src="images/weather2.png">
            <p> 阴天 </p>
        </li>
        <li>
            <p> 后天 </p>
            <img src="images/weather3.png">
            <p> 小雨 </p>
        </li>
    </ul>
    <div id="news">
        <div> 今天天气晴 <br /> 气温 35° C<br /> 出门注意防晒 </div>
        <div> 明天阴天 <br /> 气温 28° C<br /> 适合室外活动 </div>
        <div> 后天小雨 <br /> 气温 27° C<br /> 出门记得带伞 </div>
```

```
        </div>
    </body>
</html>
```

注：代码中的粗斜体内容为新增内容，具体浏览效果如图 4-11 所示。

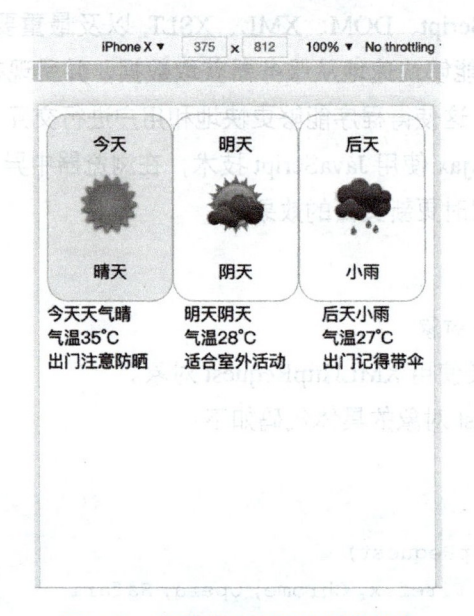

图 4-11 移动端处理后的浏览效果

### 任务拓展

在上述任务基础上，调整媒体查询内容，使下部分的提示文本居中对齐，并适当调整上部分的圆角大小，使页面看起来效果更好。

## 任务 3　天气预报网页获取后台动态数据

### 任务描述

在本项目任务 1 和任务 2 中实现了页面的静态内容，实际使用时天气信息一定是实时从后台服务器获取的动态数据，因此在本任务中，我们需要学会从服务器获取动态数据，并填充页面。

## 知识准备

### 1. Ajax 简介

Ajax 的全称为 Asynchronous JavaScript And XML（异步 JavaScript 和 XML）2005 年由 Jesse James Garrett 提出，用来描述一种使用现有技术集合的"新"方法，包括 HTML 或 XHTML、CSS、JavaScript、DOM、XML、XSLT，以及最重要的 XMLHttpRequest。使用 Ajax 技术，网页应用能够快速地从服务器获取数据，并呈现在用户界面上，而不需要重载（刷新）整个页面，这使得程序能够更快地和用户进行交互。

由此我们可以知道 Ajax 使用 JavaScript 技术，在浏览器中异步访问服务器端内容，动态操作页面内容以达到实时更新页面的效果。

### 2. Ajax 访问服务器的方法

1）XMLHttpRequest 对象

Ajax 访问服务器需要使用 XMLHttpRequest 对象。

创建 XMLHttpRequest 对象的具体代码如下：

```
var xmlhttp;
if (window.XMLHttpRequest)
{// code for IE7+, Firefox, Chrome, Opera, Safari
    xmlhttp=new XMLHttpRequest();
}
else
{// code for IE6, IE5
    xmlhttp=new ActiveXObject("Microsoft.XMLHTTP");
}
```

考虑到现在浏览器的版本，IE5 和 IE6 几乎不再使用，所以我们可以忽略 else 代码段，将代码简化。

简化代码如下：

```
var xmlhttp = new XMLHttpRequest();
```

2）回调函数

使用 XMLHttpRequest 对象访问服务器，由于是异步访问，所以需要使用回调函数访问服务器端返回的内容。

具体代码如下：

```
xmlhttp.onreadystatechange=function(){ // 定义回调函数
    if (xmlhttp.readyState==4 && xmlhttp.status==200){
//xmlhttp.responseText 中包含了服务器端返回的内容
    }
}
xmlhttp.open("GET","url",true);
//GET 表示要采用 GET 方式访问，url 为要访问的服务器端接口地址，true 表示要进行异步
访问


xmlhttp.send(); // 向服务器发送请求
```

### 3. JavaScript 操作 DOM 的方法

DOM 操作是学习 JavaScript 技术的基本内容，我们在此只做简单介绍。DOM 操作包括添加、删除、修改、复制等。

修改内容的方法的应用示例如下：

```
<script>
    window.onload = function(){
var news = document.getElementById("news");
    // 方法一
    news.innerText = "hello weather";
    // 方法二
    news.replaceWith(document.createTextNode("hello weather 111"));
    }
</script>
```

从服务器端获取数据后，我们可以使用 DOM 操作完成页面更新。

**任务实施**

### 1. 准备服务器端接口页面

任务操作视频

创建一个 PHP 页面 loadJSON.php，并将该文件放在和 index.html 相同的位置。

实现代码如下：

```php
<?php
$data = array(
    0=>array(
        "name"=>" 今天 ",
        "temp"=>rand(0,20)."° C",
        "weather"=>" 晴天 ",
        "info"=>" 出门注意防晒 "
    ),
    1=>array(
        "name"=>" 明天 ",
        "temp"=>rand(0,20)."° C",
        "weather"=>" 阴天 ",
        "info"=>" 适合户外活动 "
    ),
    2=>array(
        "name"=>" 后天 ",
        "temp"=>rand(0,20)."° C",
        "weather"=>" 小雨 ",
        "info"=>" 出门记得带伞 "
    )
);
echo json_encode($data);
?>
```

这是一个 PHP 服务器端的文件，需要 PHP 的运行环境才能够运行，运行时向客户端返回一个 JSON 数组，也可以使用 JavaWeb 等其他服务器端编程，用其实现相同的功能。

### 2. 修改客户端 index.html 页面

在客户端页面 index.html 中使用 Ajax 访问 PHP 的接口文件，获取天气信息，并修改页面 DOM 内容，将如下代码添加到页面的最后。

实现代码如下：

```
<script>
    var xmlhttp = new XMLHttpRequest();
    xmlhttp.onreadystatechange = function(){
```

```
            if(xmlhttp.status == 200 && xmlhttp.readyState == 4){         var
weather = JSON.parse(xmlhttp.responseText);//将服务器端返回的字符串转换为
json对象
            var pics = document.getElementsByTagName("ul")[0].
getElementsByTagName("li");
            var news = document.getElementById("news").
getElementsByTagName("div");
         var img = null;
         for(var i = 0;i<3;i++){ //循环填充今天、明天和后天的天气情况
            img = pics[i].getElementsByTagName("img")[0];
             pics[i].getElementsByTagName("p")[1].innerText =
weather[i].name;
             pics[i].getElementsByTagName("p")[1].innerText =
weather[i].weather;
             switch(weather[i].weather){
                case "晴天":
                    img.src = "images/weather1.png";
                    break;
                case "阴天":
                    img.src = "images/weather2.png";
                    break;
                case "小雨":
                    img.src = "images/weather3.png";
                    break;
             }
             news[i].innerHTML = weather[i].name + weather[i].
weather + "<br/>气温" + weather[i].temp + "<br/>" + weather[i].info;
         }      }
        };
    xmlhttp.open("GET","loadJSON.php",true);
    xmlhttp.send();
</script>
```

### 3. 查看浏览效果

在 PHP 的运行环境中启动 index.html 页面，浏览器加载 index.html 页面后，会去访问服务器端接口文件 loadJSON.php，获取服务器端返回的动态天气数据，并将数据填充进页面的 DOM 元素，具体效果如图 4-12 所示。若刷新页面天气数据会进行相应的变化，因为在 PHP 文件中，天气的温度是动态生成的。

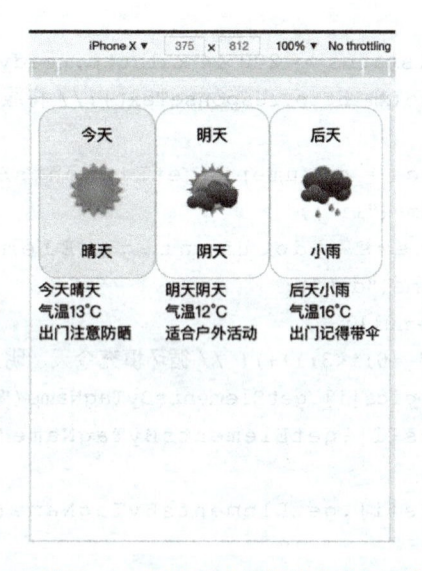

图 4-12　使用 Ajax 访问服务器端动态数据后的效果

### 任务拓展

在本任务的基础，完成以下任务。
1. 为页面添加城市选择功能。
2. 用户在选择城市时，页面更新为相应城市的天气信息。

# 项目 5

## 制作分享小程序

## 项目情景

本项目是为 ToDoList 小程序添加分享功能，让用户自主选择分享的图片，提升用户体验。分享效果示例如图 5-1 所示。

图 5-1　分享效果示例

## 项目分析

1. 分享功能

用户单击右上角并进行分享，或者增加一个分享按钮，实现用户分享功能。

2. 图片上传功能

能够让用户选择照片或者通过相机进行拍照，并上传图片。

## 学习目标

### （一）知识目标

（1）熟练掌握小程序 onShareAppMessage 事件的使用；
（2）掌握小程序 uploadFile 方法的使用；
（3）掌握小程序 chooseImage 方法的使用；
（4）掌握小程序 request 方法的使用。

## （二）技能目标

（1）能够熟练掌握小程序分享功能；
（2）能够运用小程序 API 灵活开发项目。

## （三）素质目标

（1）培养前后端数据交互处理的设计能力；
（2）培养使用小程序的框架和 API 渲染页面的规划能力。

### 知识准备

#### 1. 小程序分享功能基础

（1）onShareAppMessage 事件

onShareAppMessage 事件是挂在 JS Page 下的一个用于监听用户分享的事件，监听用户单击页面内转发按钮（button 组件 open-type= "share"）或右上角区域"转发"按钮的行为，并自定义转发内容。注意：只有定义了此事件处理函数，右上角区域才会显示"转发"按钮。onShareAppMessage 事件具体参数及描述如表 5-1 所示。

表 5-1  onShareAppMessage 事件具体参数及描述

| 属性 | 类型 | 默认值 | 必填 | 描述 |
| --- | --- | --- | --- | --- |
| data | Object | | | 页面的初始数据 |
| options | Object | | | 页面的组件选项，同 Component 构造器中的 options，需要基础库版本 2.10.1 |
| onLoad | function | | | 生命周期回调—监听页面加载 |
| onShow | function | | | 生命周期回调—监听页面显示 |
| onReady | function | | | 生命周期回调—监听页面初次渲染完成 |
| onHide | function | | | 生命周期回调—监听页面隐藏 |
| onUnload | function | | | 生命周期回调—监听页面卸载 |

续表

| 属性 | 类型 | 默认值 | 必填 | 描述 |
| --- | --- | --- | --- | --- |
| onPullDownRefresh | function | | | 监听用户下拉动作 |
| onReachBottom | function | | | 页面上拉触底事件的处理函数 |
| onShareAppMessage | function | | | 用户单击右上角转发 |
| onShareTimeline | function | | | 用户单击右上角转发到朋友圈 |
| onAddToFavorites | function | | | 用户单击右上角收藏 |
| onPageScroll | function | | | 页面滚动触发事件的处理函数 |
| onResize | function | | | 页面尺寸改变时触发，详见响应显示区域变化 |
| onTabItemTap | function | | | 当前是 tab 页时，单击 tab 时触发 |
| 其他 | any | | | 开发者可以添加任意的函数或数据到 Object 参数中，在页面的函数中用 this 可以访问 |
| style | string | | 否 | 指定使用升级后的 weui 样式 | 基础库 2.8.0 |
| useExtendedLib | Object | | 否 | 指定需要引用的扩展库 | 基础库 2.2.1 |
| entranceDeclare | Object | | 否 | 微信消息用小程序打开 | 微信客户端 7.0.9 |
| darkmode | boolean | | 否 | 小程序支持 DarkMode | 基础库 2.11.0 |
| themeLocation | string | | 否 | 指明 theme.json 的位置，darkmode 为 true 为必填 | 开发者工具 1.03.2004271 |
| lazyCodeLoading | string | | 否 | 配置自定义组件代码按需注入 | 基础库 2.11.1 |
| singlePage | Object | | 否 | 单页模式相关配置 | 基础库 2.12.0 |

onShareAppMessage 事件处理函数需要返回（return）一个 Object，用于自定义转发内容。Object 参数值及描述说明如表 5-2 所示。

表 5-2  Object 参数值及描述

| 字段 | 描述 | 默认值 | 最低版本 |
| --- | --- | --- | --- |
| title | 转发标题 | 当前小程序名称 | |
| path | 转发路径 | 当前页面 path，必须是以 / 开头的完整路径 | |
| imageUrl | 自定义图片路径，可以是本地文件路径、代码包文件路径或者网络图片路径。支持 PNG 及 JPG。显示图片长宽比是 5:4 | 使用默认截图 | 基础库 1.5.0 |
| promise | 如果该参数存在，则以 resolve 结果为准，如果 3 秒内不成功，分享会使用上面传入的默认参数 | | 基础库 2.12.0 |

注：自定义转发内容基础库 2.8.1 起，分享图支持云图片。

（2）页面内发起转发

通过给 button 组件设置属性 open-type= "share"，可以在用户单击按钮后触发 Page.onShareAppMessage 事件。

示例如下：

```
Page({
    onShareAppMessage() {
    return {
        title: '自定义转发标题',
        path: '/page/user?id=123',
        promise
    }
    }
})
```

## 2. chooseImage 方法

chooseImage 方法从本地相册选择图片或使用相机拍照。chooseImage 方法的参数及描述如表 5-3 所示。

表 5-3　chooseImage 方法的参数及描述

| 属性 | 类型 | 默认值 | 必填 | 描述 |
| --- | --- | --- | --- | --- |
| count | number | 9 | 否 | 最多可以选择的图片张数 |
| sizeType | Array.<string> | ['original', 'compressed'] | 否 | 所选图片的尺寸 |
| sourceType | Array.<string> | ['album', 'camera'] | 否 | 选择图片的来源 |
| success | function |  | 否 | 接口调用成功的回调函数 |
| fail | function |  | 否 | 接口调用失败的回调函数 |
| complete | function |  | 否 | 接口调用结束的回调函数（调用成功、失败都会执行） |

示例如下：

```
wx.chooseImage({
  count: 1,
  sizeType: ['original', 'compressed'],
  sourceType: ['album', 'camera'],
  success (res) {
    const tempFilePaths = res.tempFilePaths
}})
```

注：tempFilePaths 的地址不是服务器的地址，而是缓存在微信服务器上的一个虚拟的路径。tempFilePath 可以作为 img 标签的 src 属性显示图片。

### 3. uploadFile 方法

uploadFile 方法用于将本地资源上传到服务器。客户端发起一个 HTTPS POST 请求，其中 content-type 为 multipart/form-data。uploadFile 方法的参数及描述如表 5-4 所示。

表 5-4　uploadFile 方法的参数及描述

| 属性 | 类型 | 默认值 | 必填 | 描述 | 最低版本 |
| --- | --- | --- | --- | --- | --- |
| url | string |  | 是 | 开发者服务器地址 |  |
| filePath | string |  | 是 | 要上传文件资源的路径(本地路径) |  |
| name | string |  | 是 | 文件对应的 key，开发者在服务端可以通过这个 key 获取文件的二进制内容 |  |

续表

| 属性 | 类型 | 默认值 | 必填 | 描述 | 最低版本 |
|---|---|---|---|---|---|
| header | Object | | 否 | HTTP 请求 header，header 中不能设置 referer | |
| formData | Object | | 否 | HTTP 请求中额外的 form data | |
| timeout | number | | 否 | 超时时间，单位为毫秒 | 基础库 2.10.0 |
| success | function | | 否 | 接口调用成功的回调函数 | |
| fail | function | | 否 | 接口调用失败的回调函数 | |
| complete | function | | 否 | 接口调用结束的回调函数（调用成功、失败都会执行） | |

示例如下：

```
wx.chooseImage({
  success (res) {
    const tempFilePaths = res.tempFilePaths
    wx.uploadFile({
      url: 'https://example.weixin.qq.com/upload',
      filePath: tempFilePaths[0],
      name: 'file',
      formData: {
        'user': 'test'
      },
      success (res){
        const data = res.data
        //do something
      }
    })
  }})
```

注：

● URL 仅为示例，非真实的接口地址，就是后端上传图片的接口地址。

● tempFilePaths[0] 是要上传的文件的小程序临时文件路径，这个路径只在小程序里有效，在浏览器中无法显示图片。

### 4. request 方法

request 方法用于发起 HTTPS 网络请求。request 方法的参数及描述如表 5-5 所示。

表 5-5 request 方法的参数及描述

| 属性 | 类型 | 默认值 | 必填 | 描述 | 最低版本 |
| --- | --- | --- | --- | --- | --- |
| url | string | | 是 | 开发者服务器接口地址 | |
| data | string/object/ArrayBuffer | | 否 | 请求的参数 | |
| header | Object | | 否 | 设置请求的 header，header 中不能设置 referercontent-type，默认为 application/json | |
| timeout | number | | 否 | 超时时间，单位为毫秒 | 基础库 2.10.0 |
| method | string | GET | 否 | HTTP 请求方法 | |
| dataType | string | json | 否 | 返回的数据格式 | |
| responseType | string | text | 否 | 响应的数据类型 | 基础库 1.7.0 |
| enableHttp2 | boolean | FALSE | 否 | 开启 HTTP2 | 基础库 2.10.4 |
| enableQuic | boolean | FALSE | 否 | 开启 QUIC | 基础库 2.10.4 |
| enableCache | boolean | FALSE | 否 | 开启 Cache | 基础库 2.10.4 |
| success | function | | 否 | 接口调用成功的回调函数 | |
| fail | function | | 否 | 接口调用失败的回调函数 | |
| complete | function | | 否 | 接口调用结束的回调函数（调用成功、失败都会执行） | |

示例如下：

```
wx.request({
  url: 'test.php',
  data: {
    x: '',
```

```
    },
    header: {
      'content-type': 'application/json'
    },
    success (res) {
      console.log(res.data)
    }})
```

注：URL 仅为示例，非真实的接口地址，是后端的接口地址。

#### 5. 配置域名

每个微信小程序在进行网络通信之前，需要事先设置通信域名，小程序只可以跟指定的域名进行网络通信，包括普通 HTTPS 请求（wx.request）、上传文件（wx.uploadFile）、下载文件（wx.downloadFile）和 WebSocket 通信（wx.connectSocket）。

从基础库 2.4.0 开始，网络接口允许与局域网 IP 通信，但要注意不允许与本机 IP 通信。从基础库 2.7.0 开始，提供了 UDP 通信（wx.createUDPSocket）。

1）配置流程

服务器域名请在服务器域名界面（打开操作为小程序后台→开发→开发设置→服务器域名）中进行配置，如图 5-2 所示。

配置时需要注意以下问题：

（1）域名只支持 HTTPS (wx.request、wx.uploadFile、wx.downloadFile) 和 WSS (wx.connectSocket) 协议。

（2）域名不能使用 IP 地址（小程序的局域网 IP 除外）或 localhost。

（3）可以配置端口，如 https://myserver.com:8080，但是配置后只能向 https://myserver.com:8080 发起请求。如果向 https://myserver.com、https://myserver.com:9091 等 URL 请求则会失败。

（4）如果不配置端口，如 https://myserver.com，那么请求的 URL 中也不能包含端口，甚至默认的 443 端口也不可以。如果向 https://myserver.com:443 请求则会失败。

（5）域名必须经过 ICP 备案。

（6）出于安全考虑，api.weixin.qq.com 不能被配置为服务器域名，相关 API 也不能在小程序内调用。开发者应将 AppSecret 保存在后台服务器中，通过服务器使用 getAccessToken 接口获取 access_token，并调用相关 API。

（7）不支持配置父域名，使用子域名。

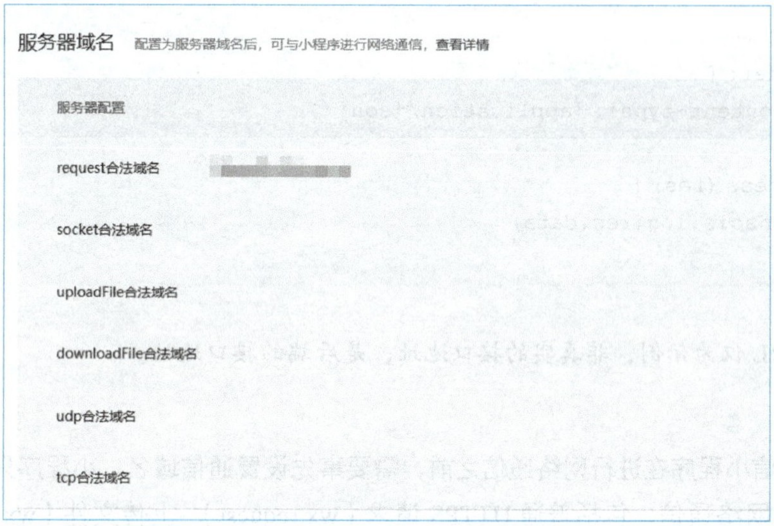

图 5-2 服务器域名配置

2）网络请求

小程序必须使用 HTTPS/WSS 发起网络请求，需要配置超时时间和使用限制。

（1）超时时间：默认超时时间和最大超时时间都是 60s；超时时间可以在 app.json 或 game.json 中通过 networktimeout 配置。

（2）使用限制：网络请求的 referer header 不可设置。其格式固定为 https://servicewechat.com/{appid}/{version}/page-frame.html，其中 {appid} 为小程序的 AppID，{version} 为小程序的版本号，版本号为 0 表示为开发版、体验版及审核版本，版本号为 devtools 表示为开发者工具，其余为正式版本；wx.request、wx.uploadFile、wx.downloadFile 的最大并发限制是 10 个。

3）HTTPS 证书校验

小程序发起网络请求时，系统会对服务器域名使用的 HTTPS 证书进行校验，如果校验失败，则请求不能成功发起。由于系统限制，不同平台对于证书要求的严格程度不同。为了保证小程序的兼容性，建议开发者按照最高标准进行证书配置，并使用相关工具检查现有证书是否符合要求。

HTTPS 证书有效的要求包括以下几个方面：

（1）HTTPS 证书必须有效。

（2）证书必须被系统信任，即根证书已被系统内置。

（3）部署 SSL 证书的网站域名必须与证书颁发的域名一致。

（4）证书必须在有效期内，证书的信任链必须完整（需要服务器配置）。

在微信开发者工具中，可以临时开启开发环境不校验请求域名、TLS 版本及 HTTPS 证书选项，跳过服务器域名的校验。此时，在微信开发者工具中及手机开启调试模式时，不会进行服务器域名的校验，操作如图 5-3 所示。

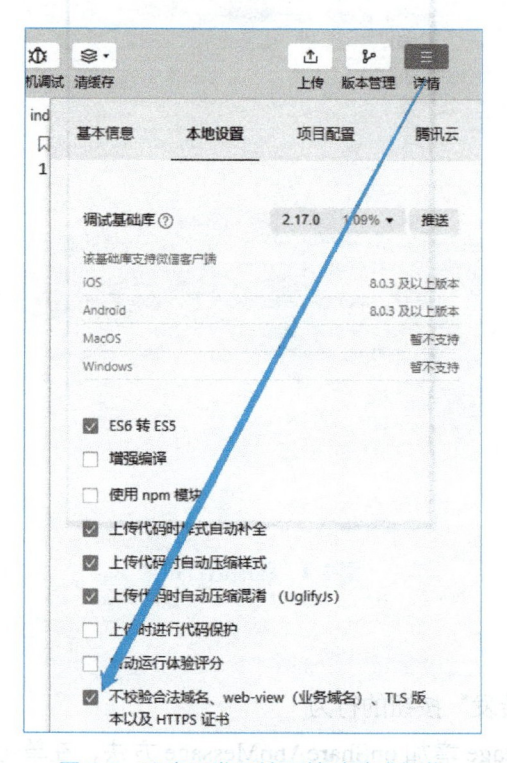

图 5-3　开启开发环境不校验请求操作

注：

● 在服务器域名配置成功后，建议开发者关闭此选项进行开发，并在各平台下进行测试，以确认服务器域名配置正确。

● 如果手机上出现"打开调试模式可以发出请求，关闭调试模式无法发出请求"的提示，请确认是否跳过了域名校验，并确认服务器域名和证书配置是否正确。

## 项目实践

项目操作视频

### 1. 创建项目并开发完整的 ToDoList 项目

按照与本书配套的《微信小程序开发（初级）》教材中的要求，开发 ToDoList 项目。程序运行效果如图 5-4 所示。

图 5-4　程序运行效果

### 2. 开发分享功能

1）右上角区域"转发"按钮的行为

在对应的 JS 文件 page 增加 onShareAppMessage 方法，在单击分享的时候，会直接调用该方法。

例如，在 index.js 中增加分享，分享的页面是 index。

实现代码如下：

```
onShareAppMessage: function(){
  return {
    title:'分享给好友',
    path:'/pages/index/index',
    imageUrl:''
  }
},
```

分享操作如图 5-5 所示，分享内容操作如图 5-6 所示。

图 5-5　分享操作　　　　　　　　图 5-6　程序分享内容操作

2）单击按钮进行分享

（1）在 index.wxml 中通过单击按钮实现分享功能，在对应的 index.wxml 中使用 button 组件设置 open-type="share" 即可完成分享功能，注意对应的 JS 文件还是要按照上文进行设置，增加一个按钮进行分享。

index.wxml 实现代码如下：

```
<button class="share" type="primary" open-type="share">分享</button>
```

在 WXML 中增加一个按钮，只需要把 open-type 设置成 share，会自动调用 JS 文件中的 onShareAppMessage 方法。

（2）在 index.wxss 中设置 share 的样式，设置成如图 5-7 所示样式效果。

index.js 设置不变，至此就完成了在页面中通过单击设置的按钮对页面进行分享的功能。

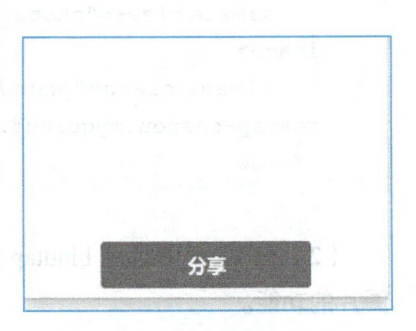

图 5-7　share 的样式效果

3. 用户上传图片

1)选择图片

实现上传图片功能,效果如图 5-8 所示,当用户单击相机图片时,就会让用户选择照片或者开启照相功能。

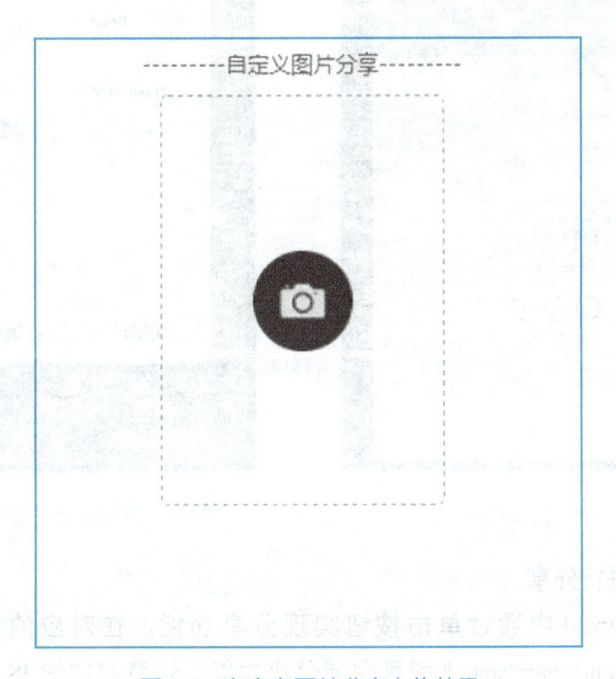

图 5-8　自定义图片分享上传效果

(1) index.wxml

实现代码如下:

```
<view class="photo" bindtap="chooseImg">
    <image class="photo_info" wx:if="{{imageUrl}}" src="{{imageUrl}}"></image>
    <image class="photo_icon" wx:else src="https://wechat-1255850199.cos.ap-chendu.myqcloud.com/images/modify_photo.png"></image>
</view>
```

(2)在 View 中绑定 bindtap 方法,在 index.js 中调用此方法,然后唤醒相机或者选择图片的功能。

实现代码如下:

```
chooseImg: function () {
    let that = this
    wx.chooseImage({
      count: 1,
      sourceType: ['album', 'camera'],
      success: function(res) {
        console.log(res)
      },
      error: function(){
        app.showToast('选择图片出现异常')
      }
    })
}
```

### 2）上传至服务器

为了让被分享的人能看到图片，需要将图片上传到服务器上，因此需调用小程序的 **wx.uploadFile** 方法。其中参数 url、filePath、formData、name 都是和接口约定好的。

实现代码如下：

```
let path = res.tempFiles[0].path
let formatImage = path.split(".")[(path.split(".")).length - 1]
var arr = ["png", "jpg", "jpeg"]
const tempFilePaths = res.tempFilePaths
if (arr.indexOf(formatImage) > -1 ) {
  wx.uploadFile({
    url: 'https://www.xxx.com' + '/file/upload',
    filePath: tempFilePaths[0],
    formData: {
      'openid': app.publicData.openid
    },
    name: 'file',
    success: function(res) {
      const data = JSON.parse(res.data)
      that.setData({
        imageUrl: data.data.url
      })
    },
```

```
      error(err) {
        console.log("异常")
      }
    })
  } else {
    Console.log(' 图片格式不正确 ')
  }
```

### 4. 用户自定义图片分享

获得上传的图片地址后,修改分享中的图片地址链接更改分享的图片。
实现代码如下:

```
return {
    title:' 分享给好友 ',
    path:'/pages/index/index',
    imageUrl:this.data.imageUrl
}
```

### 5. 完整 JS 代码

实现代码如下:

```
// pages/share/share.js
Page({
    data: {
      imageUrl:''
    },
    chooseImg() {
      let that = this
      wx.chooseImage({
        count: 1,
        sizeType: ['original', 'compressed'],
        sourceType: ['album', 'camera'],
        success (res) {
          let path = res.tempFilePaths[0].path
          let formatImage = path.split(".")[(path.split(".")).length - 1]
          var arr = ['png', 'jpg', 'jpeg']
```

```
        const tempFilePaths = res.tempFilePaths
        if (arr.indexOf(formatImage) > -1 ) {
          wx.uploadFile({
            filePath: tempFilePaths[0],
            name: 'file',
            formData: {
             'openid': app.publicData.openid
            },
            url: app.publicData.url + '/file/upload',
            success: function(res){
            that.setData({
              imageUrl: res.data.url
            })
          }
        })
      } else {
        wx.showToast({
          title: '图片格式不正确',
          })
        }
      }
    })
  },
  onShareAppMessage: function () {
    return {
      title: '分享给好友',
      path: '/pages/index/index',
      imageUrl: this.data.imageUrl
    }
  }
})
```

## 任务拓展

通过学习到的知识，掌握小程序分享、图片上传、拍照等功能，并增加分享到朋友圈的功能，以及多级页面、路由跳转、用户交互、动画等功能。掌握小程序的生命周期的使用和渲染机制，让页面的内容更的丰富多彩，提升用户体验和友好交互。

# 项目 6

## 制作进阶版分享小程序

项目教学PPT

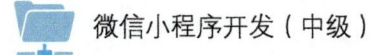

## 项目情景

微信小程序提供了丰富、简单易用的组件、API，方便开发人员开发各种类型的小程序。本项目在分享小程序基础上增加友盟数据分析、地图组件，来演示如何将小程序的组件和 API 应用到开发中。

## 项目分析

了解小程序用户使用群体，并精准定位用户需求，根据用户需求推广对应的服务等，提升良好的用户体验，增加用户量。

项目任务可分解为以下内容：
（1）友盟的对接和使用；
（2）地图组件的使用和扩展；
（3）对组件的封装和调用。

## 学习目标

### （一）知识目标

（1）掌握小程序模块化开发的方法；
（2）掌握小程序 node 包的使用方法；
（3）掌握小程序组件封装的方法；
（4）掌握小程序进阶 API 知识；
（5）掌握小程序部署的配置扩展知识；
（6）掌握 Git 工具的使用方法；
（7）了解小程序的运营推广；
（8）熟悉小程序数据分析的方法和工具。

### （二）技能目标

（1）会使用小程序 node 包；
（2）能够进行小程序模块化开发；
（3）能够封装小程序组件并进行使用；
（4）会使用小程序 API，能够阅读小程序其他 API。
（5）能进行小程序部署的配置扩展；

（6）会使用 Git 工具；
（7）能进行小程序的运营推广；
（8）能进行小程序的数据分析。

## （三）素质目标

（1）培养根据项目需求封装公共组件和模块的能力；
（2）培养借助小程序开发文档、调用 API 开发小程序的规范意识。

## 任务 1　制作进阶版分享小程序

### 任务描述

根据业务需求增加友盟数据分享，并获取用户地理位置，分析受众人群，有针对性地推广业务。

### 知识准备

#### 1. 注册友盟账户

在使用友盟平台前，需要注册友盟账号。登录友盟+官网，按照引导注册友盟+账号，账号注册界面如图 6-1 所示。

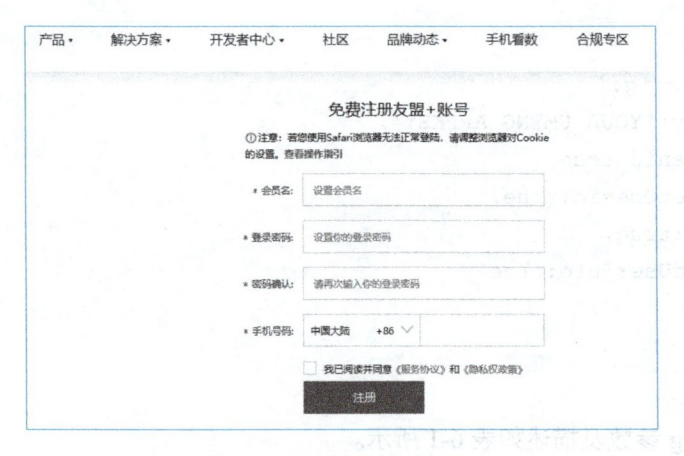

图 6-1　友盟账号注册界面

进入小程序统计后台创建 **AppKey**，按要求填写小程序名称及类型，如图 6-2 所示。

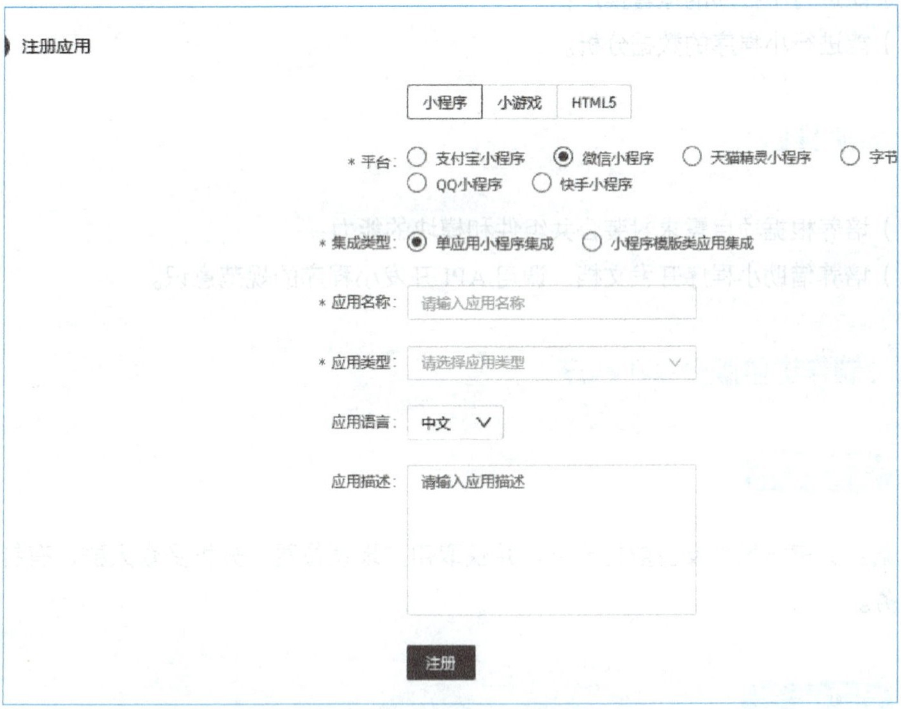

图 6-2 小程序添加页面

友盟调用示例如下：

```
import'umtrack-wx';

App({
  umengConfig:{
    appKey:'YOUR_UMENG_APPKEY',
    useOpenid:true,
    autoGetOpenid:true,
    debug:true,
    uploadUserInfo:true
  }
});
```

umengConfig 参数及描述如表 6-1 所示。

表 6-1 umengConng 参数及描述

| 参数 | 描述 |
| --- | --- |
| AppKey | 由友盟分配的 App_KEY |
| useOpenid | 是否使用 PpenID 进行统计，此项为 false 时将使用友盟＋随机 ID 进行用户统计。使用 OpenID 来统计微信小程序的用户，会使统计的指标更为准确，对系统准确性要求高的应用推荐使用 OpenID |
| autoGetOpenid | 是否需要通过友盟后台获取 OpenID，如若需要，请到友盟后台设置 AppId 及 secret |
| Debug | 是否打开调试模式 |
| uploadUserInfo | 上传用户信息，上传后可以查看有头像用户分享的信息，同时在查看用户画像时，公域画像的准确性会提升 |

2. 开通微信地图

在微信公众平台的接口设置界面（打开操作为开发管理→接口设置）中，可以开通腾讯位置服务，如图 6-3 所示。

图 6-3 开通腾讯位置服务

在腾讯位置服务后台的我的应用界面（打开操作为应用管理中→我的应用）中有开发密钥，如图 6-4 所示。

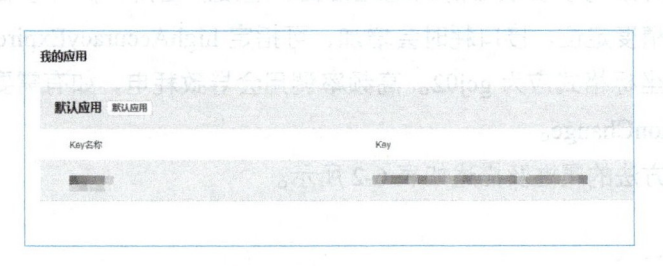

图 6-4 我的应用界面

调用示例如下：

```javascript
// 引入 SDK 核心类，js 文件根据自身业务，位置可自行放置
var QQMapWX = require('../../libs/qqmap-wx-jssdk.js');
var qqmapsdk;
Page({
    onLoad: function () {
        qqmapsdk = new QQMapWX({
// key 是 QQMapWX 初始化参数，腾讯位置服务注册的 key
            key: '申请的 key'
        });
    },
    onShow: function () {
        qqmapsdk.search({
// keyword 是 qqmapsdk.search 的参数，查询的关键字
            keyword: '酒店',
            success: function (res) {
                console.log(res);
            },
            fail: function (res) {
                console.log(res);
            },
            complete: function (res) {
                console.log(res);
            }
        });
    }
})
```

### 3. getLocation 方法

getLocation 方法用于获取当前的地理位置、速度。当用户离开小程序后，此接口无法调用。开启高精度定位，接口耗时会增加，可指定 highAccuracyExpireTime 作为超时时间。地图使用的坐标格式应为 gcj02。高频率调用会导致耗电，如有需要可使用持续定位接口 wx.onLocationChange。

getLocation 方法的属性及描述如表 6-2 所示。

表 6-2　getLocation 方法的属性及描述

| 属性 | 类型 | 描述 | 最低版本 |
|---|---|---|---|
| latitude | number | 纬度，范围为 -90 至 90，负数表示南纬。使用 gcj02 国家测绘局坐标系 | |
| longitude | number | 经度，范围为 -180 至 180，负数表示西经。使用 gcj02 国家测绘局坐标系 | |
| speed | number | 速度，单位为 m/s | |
| accuracy | number | 位置的精确度 | |
| altitude | number | 高度，单位为 m | 基础库 1.2.0 |
| verticalAccuracy | number | 垂直精度，单位为 m（Android 无法获取，返回 0） | 基础库 1.2.0 |
| horizontalAccuracy | number | 水平精度，单位为 m | 基础库 1.2.0 |

示例如下：

```
wx.getLocation({
  type:'wgs84',
  success (res) {
    const latitude = res.latitude // 纬度
    const longitude = res.longitude // 经度
    const accuracy = res.accuracy // 精度
  }
})
```

success 返回值及描述如表 6-3 所示。

表 6-3　success 返回值及描述

| 返回值 | 描述 |
|---|---|
| latitude | 当前的纬度 |
| longitude | 当前位置的经度 |
| accuracy | 当前的精度 |

### 4. showToast 方法

showToas 方法用于显示消息提示框，其属性及描述如表 6-4 所示。object.icon 的参数的值及描述如表 6-5 所示。

表 6-4  showToas 方法的属性及描述

| 属性 | 类型 | 默认值 | 必填 | 描述 | 最低版本 |
| --- | --- | --- | --- | --- | --- |
| title | string |  | 是 | 提示的内容 |  |
| icon | string | 'success' | 否 | 图标 |  |
| image | string |  | 否 | 自定义图标的本地路径，image 的优先级高于 icon | 基础库 1.1.0 |
| duration | number | 1500 | 否 | 提示的延迟时间 |  |
| mask | boolean | FALSE | 否 | 是否显示透明蒙层，防止触摸穿透 |  |
| success | function |  | 否 | 接口调用成功的回调函数 |  |
| fail | function |  | 否 | 接口调用失败的回调函数 |  |
| complete | function |  | 否 | 接口调用结束的回调函数（调用成功、失败都会执行） |  |

表 6-5  object.icon 的参数的值及描述

| 值 | 描述 |
| --- | --- |
| success | 显示成功图标，此时 title 文本最多显示 7 个汉字长度 |
| error | 显示失败图标，此时 title 文本最多显示 7 个汉字长度 |
| loading | 显示加载图标，此时 title 文本最多显示 7 个汉字长度 |
| none | 不显示图标，此时 title 文本最多可显示两行，基础库 1.9.0 及以上版本支持 |

示例如下：

```
wx.showToast({
    title:'成功',
    icon:'success',
    duration:2000
})
```

### 5. navigateTo 方法

navigateTo 方法是保留当前页面,跳转到应用内的某个页面,但是不能跳到 tabbar 页面。使用 wx.navigateBack 可以返回原页面。小程序中页面栈最多十层。navigateTo 方法的属性及描述如表 6-6 所示。object.success 回调函数的属性及描述如表 6-7 所示。

**表 6-6  navigateTo 方法的属性及描述**

| 属性 | 类型 | 默认值 | 必填 | 说明 |
|------|------|--------|------|------|
| url | string | | 是 | 需要跳转的应用内非 tabBar 的页面的路径 ( 代码包路径 ),路径后可以带参数。参数与路径之间使用 ? 分隔,参数键与参数值用 = 相连,不同参数用 & 分隔,如 'path?key=value&key2=value2' |
| events | Object | | 否 | 页面间通信接口,用于监听被打开页面发送到当前页面的数据。基础库 2.7.3 开始支持该属性 |
| success | function | | 否 | 接口调用成功的回调函数 |
| fail | function | | 否 | 接口调用失败的回调函数 |
| complete | function | | 否 | 接口调用结束的回调函数(调用成功、失败都会执行) |

**表 6-7  object.success 回调函数的属性及描述**

| 属性 | 类型 | 描述 |
|------|------|------|
| eventChannel | eventChannel | 和被打开页面进行通信 |

示例如下:

```
wx.navigateTo({
  url: 'test?id=1',
  events: {
    // 为指定事件添加一个监听器,获取被打开页面传送到当前页面的数据
    acceptDataFromOpenedPage: function(data) {
      console.log(data)
    },
    someEvent: function(data) {
      console.log(data)
    }
  },
```

```
        success: function(res) {
            // 通过 eventChannel 向被打开页面传送数据
            res.eventChannel.emit('acceptDataFromOpenerPage', { data: 'test' })
        }
    })

//test.js
Page({
    onLoad: function(option){
        console.log(option.query)
        const eventChannel = this.getOpenerEventChannel()
        eventChannel.emit('acceptDataFromOpenedPage', {data: 'test'});
        eventChannel.emit('someEvent', {data: 'test'});
        // 监听 acceptDataFromOpenerPage 事件,获取上一页面通过 eventChannel 传送到当前页面的数据
        eventChannel.on('acceptDataFromOpenerPage', function(data) {
            console.log(data)
        })
    }
})
```

### 6. map 组件

map 组件是小程序的地图组件,用来开发和地图相关的应用,如导航系统、外卖软件、运动打卡等。从检索 API、基础地图组件、个性化、插件、行业方案等多个层面,为不同场景需求的小程序开发者提供完整的地图功能。

map 组件的基础属性及描述如表 6-8 所示。

表 6-8 map 组件的基础属性及描述

| 属性 | 类型 | 默认值 | 必填 | 说明 | 最低版本 |
| --- | --- | --- | --- | --- | --- |
| longitude | number |  | 是 | 中心经度 | 基础库 1.0.0 |
| latitude | number |  | 是 | 中心纬度 | 基础库 1.0.0 |
| scale | number | 16 | 否 | 缩放级别,取值范围为 3~20 | 基础库 1.0.0 |
| min-scale | number | 3 | 否 | 最小缩放级别 | 基础库 2.13.0 |
| max-scale | number | 20 | 否 | 最大缩放级别 | 基础库 2.13.0 |

续表

| 属性 | 类型 | 默认值 | 必填 | 说明 | 最低版本 |
|---|---|---|---|---|---|
| markers | Array.<marker> |  | 否 | 标记点 | 基础库 1.0.0 |
| covers | Array.<cover> |  | 否 | 即将移除，请使用 markers | 基础库 1.0.0 |
| polyline | Array.<polyline> |  | 否 | 路线 | 基础库 1.0.0 |
| circles | Array.<circle> |  | 否 | 圆 | 基础库 1.0.0 |
| controls | Array.<control> |  | 否 | 控件（即将废弃，建议使用 cover-view 代替） | 基础库 1.0.0 |
| include-points | Array.<point> |  | 否 | 缩放视野以包含所有给定的坐标点 | 基础库 1.0.0 |
| show-location | boolean | FALSE | 否 | 显示带有方向的当前定位点 | 基础库 1.0.0 |
| polygons | Array.<polygon> |  | 否 | 多边形 | 基础库 2.3.0 |
| subkey | string |  | 否 | 个性化地图使用的 key | 基础库 2.3.0 |
| layer-style | number | 1 | 否 | 个性化地图配置的 style，不支持动态修改 |  |
| rotate | number | 0 | 否 | 旋转角度，范围为 0~360, 地图正北和设备 y 轴角度的夹角 | 基础库 2.5.0 |
| skew | number | 0 | 否 | 倾斜角度，范围为 0~40，关于 z 轴的倾角 | 基础库 2.5.0 |
| enable-3D | boolean | FALSE | 否 | 展示3D模块（工具暂不支持） | 基础库 2.3.0 |
| show-compass | boolean | FALSE | 否 | 显示指南针 | 基础库 2.3.0 |
| show-scale | boolean | FALSE | 否 | 显示比例尺，工具暂不支持 | 基础库 2.8.0 |
| enable-overlooking | boolean | FALSE | 否 | 开启俯视 | 基础库 2.3.0 |
| enable-zoom | boolean | TRUE | 否 | 是否支持缩放 | 基础库 2.3.0 |
| enable-scroll | boolean | TRUE | 否 | 是否支持拖动 | 基础库 2.3.0 |
| enable-rotate | boolean | FALSE | 否 | 是否支持旋转 | 基础库 2.3.0 |
| enable-satellite | boolean | FALSE | 否 | 是否开启卫星图 | 基础库 2.7.0 |
| enable-traffic | boolean | FALSE | 否 | 是否开启实时路况 | 基础库 2.7.0 |
| enable-poi | boolean | TRUE | 否 | 是否展示 POI 点 | 基础库 2.14.0 |
| enable-building | boolean |  | 否 | 是否展示建筑物 | 基础库 2.14.0 |

续表

| 属性 | 类型 | 默认值 | 必填 | 说明 | 最低版本 |
| --- | --- | --- | --- | --- | --- |
| setting | object |  | 否 | 配置项 | 基础库 2.8.2 |
| bindtap | eventhandle |  | 否 | 单击地图时触发，基础库 2.9.0 起返回经纬度信息 | 基础库 1.0.0 |
| bindmarkertap | eventhandle |  | 否 | 单击标记点时触发，e.detail = {markerId} | 基础库 1.0.0 |
| bindlabeltap | eventhandle |  | 否 | 单击 label 时触发，e.detail = {markerId} | 基础库 2.9.0 |
| bindcontroltap | eventhandle |  | 否 | 单击控件时触发，e.detail = {controlId} | 基础库 1.0.0 |
| bindcallouttap | eventhandle |  | 否 | 单击标记点对应的气泡时触发 e.detail = {markerId} | 基础库 1.2.0 |
| bindupdated | eventhandle |  | 否 | 在地图渲染更新完成时触发 | 基础库 1.6.0 |
| bindregionchange | eventhandle |  | 否 | 视野发生变化时触发 | 基础库 2.3.0 |
| bindpoitap | eventhandle |  | 否 | 单击地图 POI 点时触发，e.detail ={name, longitude, latitude} | 基础库 2.3.0 |
| bindanchorpointtap | eventhandle |  | 否 | 单击定位标时触发，e.detail = {longitude, latitude} | 基础库 2.13.0 |

示例如下：

```
<map
    id="map"
    longitude="{{longitude}}"
    latitude="{{latitude}}"
    scale="{{scale}}"
    controls="{{controls}}"
    bindcontroltap="controltap"
    markers="{{markers}}"
    circles="{{circles}}"
    bindmarkertap="markertap"
    polyline="{{polyline}}"
```

项目6 制作进阶版分享小程序

```
bindregionchange="regionchange"
show-location
style="width: 100%; height: {{view.Height}}px;">
</map>
```

**任务实施**

任务操作视频

**1. 友盟对接**

**1）安装 SDK**

（1）在控制台输入命令。

命令如下：

```
npm init
```

此时会生成一个 wenpack.json 文件。

内容如下：

```
{
  "name": "miniprograms",
  "version": "1.0.0",
  "description": "",
  "main": "app.js",
  "devDependencies": {},
  "scripts": {
    "test": "echo \"Error: no test specified\" && exit 1"
  },
  "author": "",
  "license": "ISC"
}
```

（2）根据需求填写内容，这一步是初始化 package.json，如果项目的根目录（项目根目录指 app.js 同级的位置）里面已经有 package.json 文件，就跳过这一步。package.json 是管理 node 包的一个文件。

133

（3）安装友盟 SDK。

实现代码如下：

```
npm install umtrack-wx --save
```

package.json 会自动添加如下内容：

```
"dependencies": {
  "umtrack-wx": "^2.6.3"
},
```

此时会自动修改 package.json 文件，同时会在 node_modules 文件夹下安装 umtrack-wx 包。如果 package.json 文件已经有 umtrack-wx 字段，直接输入"npm install"安装 node 包即可。

（4）设置 node 包使用。

如图 6-5 所示，在工具栏单击"详情"→"本地设置按钮"，在本地设置界面中勾选"使用 npm 模块"复选框。

图 6-5 设置 node 包使用

（5）构建 node 包。

①如图 6-6 所示，在菜单栏选择→"工具"→"构建 npm"命令。

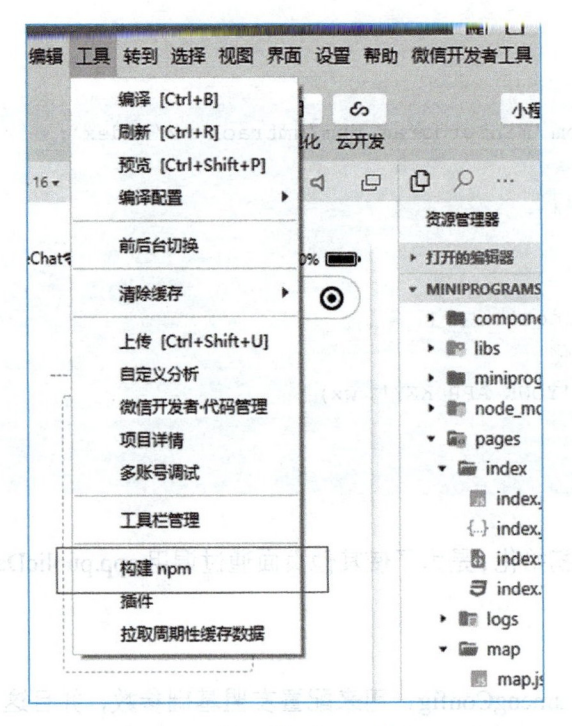

图 6-6 选择"构建 npm"命令

②选择"构建 npm"命令后，会生成一个 miniprogram_npm 包。在文件中直接引用 miniprogram_npm 内部的文件，如图 6-7 所示。

图 6-7 引用 miniprogram_npm 内部文件

2）引用友盟和初始化

在 app.js 中引入友盟的文件，在 App 里建一个数据层，方便其他页面调用。

实现代码如下：

```
import uma from 'miniprogram_npm/umtrack-wx/index';
App({
  publicData: {
    uma
  },
  onLaunch: function () {
    // 友盟初始化
    uma.init('YOUR_APP_KEY', wx)
  },
})
```

在 app.js 中进行初始化，是为了使其他页面通过调用 app.publicData.uma 就可以调用友盟的方法。

3）友盟

在 app.js 内设置 umengConfig，用来配置友盟基础参数，并且这个字段是默认的，不能进行修改，避免友盟因读取不到配置而产生错误。

实现代码如下：

```
umengConfig: {
    appKey: 'xxx',
    useOpenid: false,
    autoGetOpenid: false,
    debug: true
},
```

4）开启友盟和销毁友盟

在 app.js 的 onShow 和 onHide 方法内需要手动开启友盟和销毁友盟。Resume () 方法的功能是开启友盟，pause () 的功能是销毁友盟组件。

实现代码如下：

```
onShow () {
  uma.resume();
```

```
},
onHide () {
  uma.pause();
}
```

5）友盟设置

实现代码如下：

```
onShareAppMessage: function () {
  app.publicData.uma.setUnionid(Unionid)
  return {
    title: '分享给好友',
    path: `/pages/index/index`,
    imageUrl: ''
  }
},
```

根据友盟 API 记录用户的行为，也可以根据需求自定义一些用户行为，方便对用户进行行为分析。在页面中可以直接调用友盟的 setUnionid 方法进行设置，具体设置视友盟 API 而定，地址为 https://developer.umeng.com/docs/147615/detail/147619#h1-2-8。

2. 使用地图扩展功能开发

1）配置应用

（1）申请开发者密钥（key）：申请密钥。

（2）开通 WebServiceAPI 服务：操作路径为控制台→"应用管理"→"我的应用"→添加 key→勾选"WebServiceAPI 服务"复选框→保存按钮，小程序 SDK 需要用到 WebServiceAPI 的部分服务，所以使用该功能的 key 需要具备相应的权限。

（3）下载微信小程序 JavaScriptSDK，地址为 https://lbs.qq.com/miniProgram/jsSdk/jsSdkGuide/jsSdkOverview。

（4）安全域名设置，操作路径为小程序管理后台→"开发"→"开发管理"→"开发设置"→"服务器域名"，在服务器或名界面中设置 request 合法域名，添加 https://apis.map.qq.com，如图 6-8 所示。

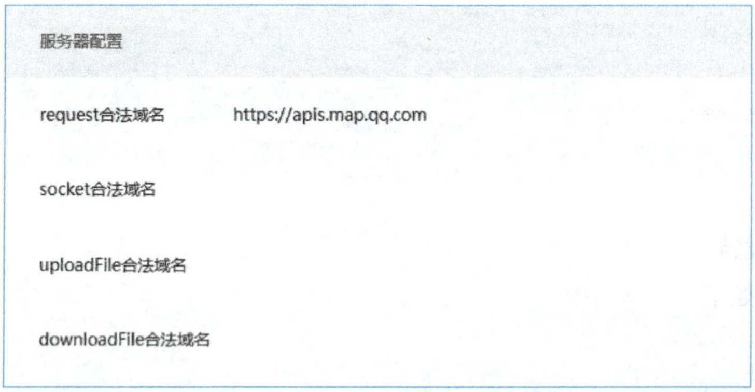

图 6-8　添加服务器域名

2）使用 map 组件配置地图

（1）app.json 配置文件

实现代码如下：

```
"permission": {
  "scope.userLocation": {
    "desc": "你的位置信息将用于小程序位置接口的效果展示"
  }
},
```

在 app.json 文件内的 permission 中配置 scope.userLocation，目的是在获取用户当前信息的时候对用户进行友好提示，并且这是微信小程序的规范要求，如果用户在小程序中有调用 wx. getLocation，就必须进行设置。

（2）在 page 文件夹下创建 map 文件夹及 page 文件

①创建 map. 文件。

实现代码如下：

```
<view class="map">
  <map class="myMap" id="myMap" scale="14" show-location></map>
</view>
```

②调用 map 组件，设置 ID，用于 JS 中 createMapContext 方法读取 map 信息。show-location 是为了获取显示带有方向的当前定位点。

map.js 代码如下：

```
onReady: function (e) {
  mapCtx = wx.createMapContext('myMap')
},
onLoad: function (options) {
  wx.getLocation({
    success:function (res) {
      console.log(res)
      that.setData({
        userLat: res.latitude,
        userLon: res.longitude
      })
    },
    fail: function () {
      app.showToast(' 获取位置 ')
    }
  })
},
```

③ 使用 wx.createMapContext API 初始化 map 组件，渲染地图到页面。通过 wx.getLocation 可以获取当前用户的地理位置。

位置信息获取授权提示如图 6-9 所示。

图 6-9　位置信息获取授权提示

地理位置需要用户授权才能使用，此处提示的信息就是在 **app.json** 中进行设置的。用户授权后，才能获取其地理位置，并把地图的中心位置设置成用户的位置。

实现代码如下：

```
<map
  class="myMap"
  id="myMap"
  scale="14"
  show-location
  longitude="{{userLon}}"
  latitude="{{userLat}}"
  markers="{{markers}}">
</map>
```

3）地图服务功能——增加搜索功能

（1）**map.js** 引入地图服务功能。

先引入 sdk 核心类，这是根据自己下载的 JS 放置的文件位置决定引入路径的。然后在 onLoad 中初始化组件，初始化的 key 是在腾讯位置服务中申请的 key。

实现代码如下：

```
// 引入 SDK 核心类，JS 文件根据自身业务，位置可自行放置
const QQMapWX = require('../../libs/qqmap-wx-jssdk.js');
var mapCtx;
var qqmapsdk;
Page({
  data: {
    userLat: '',
    userLon: '',
    markers: []
  },
  onLoad: function (options) {
    qqmapsdk = new QQMapWX({
      key: 'XXX'
    })
  }
})
```

（2）map.wxml 添加输入框，增加搜索功能。

在地图中增加一个浮层，为该浮层增加一个输入框，用于实现用户搜索附近的建筑、酒店等功能。输入框效果如图 6-10 所示。

图 6-10　输入框效果

实现代码如下：

```
<view class="search">
  <input id="search_input" bindinput="inputKey" focus='{{focus}}'></input>
  <icon type='search' class='icons'></icon>
</view>
```

（3）完善 map.js 的搜索功能。

通过调用地图的 SDK，获取通过输入框内的关键字查询附件的酒店、饭店等数据，然后把数据赋值给 markers 数组。

实现代码如下：

```
// 输入框改变
  inputKey(e){
    var that = this
    qqmapsdk.search({
      keyword: e.detail.value,
      success: function (res) {
        console.log(res)
        var list = []
        for (var i = 0; i < res.data.length; i++) {
        var obj = {
           id: res.data[i].id,
           title: res.data[i].title,
           latitude: res.data[i].location.lat,
           longitude: res.data[i].location.lng,
           name: res.data[i].storeName,
           address: res.data[i].address
```

```
        }
        list.push(obj)
      }
      that.setData({
        markers: list
      })
    },
    fail: function (res) {
      wx.showToast({
        title: '查询成功',
        icon: 'success',
        duration: 2000
      })

      console.log(res);
    },
    complete: function (res) {
      console.log(res);
    }
  })
},
```

（4）在 wxmlmap 组件中设置 markers="{{markers}}"，用于在地图上打 marker 点。注意：map 组件解析地理位置时和 qqmapsdk 返回的值是有区别的，所以要对 qqmapsdk 返回的值进行处理，处理成 map 可以解析的数据。

地图上打点实现效果如图 6-11 所示。

### 3. 组件的封装

1）业务场景分析

把获取的酒店列表渲染到页面并进行封装。业务场景效果如图 6-12 所示。

由于该功能是常用功能，因此需要封装为组件，在需要的页面进行调用。在更改业务的时候只需要更改该组件，就可以实现所有调用该列表增加的功能。该封装的内容包含 WXSS、WXML、JSON、JS，涵盖整体组件的功能。

图 6-11 地图上打点实现效果

图 6-12　业务场景效果

2）封装组件

（1）创建 component 组件 wxml，wxss 部分自行设置。

把 map.wxml 中关于酒店列表的代码复制到 component/list.wxml 中。

（2）创建 component 组件 js，引入数据。

实现代码如下：

```
// component/list.js
Component({
  /** 组件的属性列表 **/
  properties: {
    markers: {
      type: Array,
      value: []
    }
  }
})
```

注：组件传递参数是通过 properties 进行的，参数名字是 markers，其中 type 代表参数的类型是 string、array 等，value 是默认值。

（3）页面引用组件。

需要使用列表的页面引用组件，如在 **map** 页面使用组件。

①配置 **map.json** 文件，实现代码如下：

```
{
  "usingComponents":{
    "lists":"/component/list/list"
  }
}
```

② **map.wxml** 页面引用，实现代码如下：

```
<view class="list">
  <lists markers="{{markers}}"></lists>
</view>
```

注：组件中有引用传递参数，在调用的时候就要把参数传入，**markers** 就是传递参数，其类型必须是数组。

引用组件实现效果如图 6-13 所示。这样就实现了组件复用，并能够根据业务需求实现组件的扩展和灵活变动。

## 任务 2　朋友圈小程序的发布与运维

### 任务描述

对项目进行部署并发布到线上，且能够良好运行，推广小程序，获取用户数据，分析用户行为。

### 知识准备

1. 版本管理工具

Git 是目前最流行的版本管理系统。为了方便

图 6-13　引用组件业务场景效果

开发者更简单快捷地进行代码版本管理，简化一些常用的 Git 操作，以及降低代码版本管理使用的学习成本，开发者工具集成了 Git 版本管理面板。

开发者可以在打开的项目窗口里，单击工具栏上的"版本管理"按钮进入 Git 版本管理界面。

用户可登录微信开发者-代码管理系统进行个人信息设置，包括昵称、头像、Git 账户、SSH 密钥等，如图 6-14 所示。

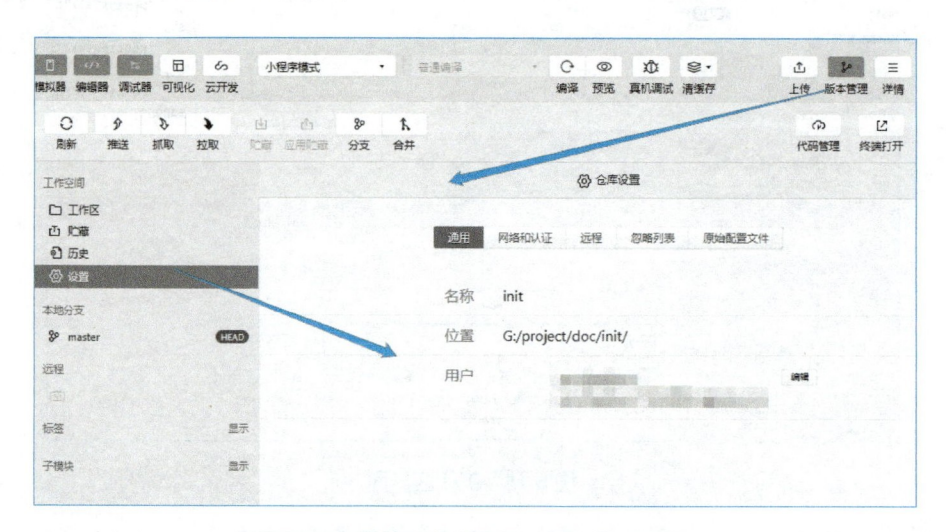

图 6-14　微信开发者工具 - 代码管理系统

1）提交工作区更改

如图 6-15 所示，在工作区界面可以查看到目前工作目录的变更及对比，并直接通过勾选文件前面的复选框将其添加到暂存区。右键单击工作区或者相关文件，可以丢弃修改。输入标题和详情，单击"提交"按钮即可提交本次的变更。在标题栏上单击右键可以使用常用的 Gitmoji 符号。

2）查看历史

如图 6-16 所示，单击历史或者某个分支，可以查看到当前分支的最新提交记录。每个提交记录都可以看到变更的内容及目录树详情。展开目录树后，在文件上右键单击，可以保存该提交版本的文件完整内容，或者检出该版本的文件。

3）查看文件修改历史

如图 6-17 所示，在提交记录的目录树文件上右键单击，可以查看到某个文件截至该提交版本的所有变更记录，并可直接查看文件内容，方便排查问题。

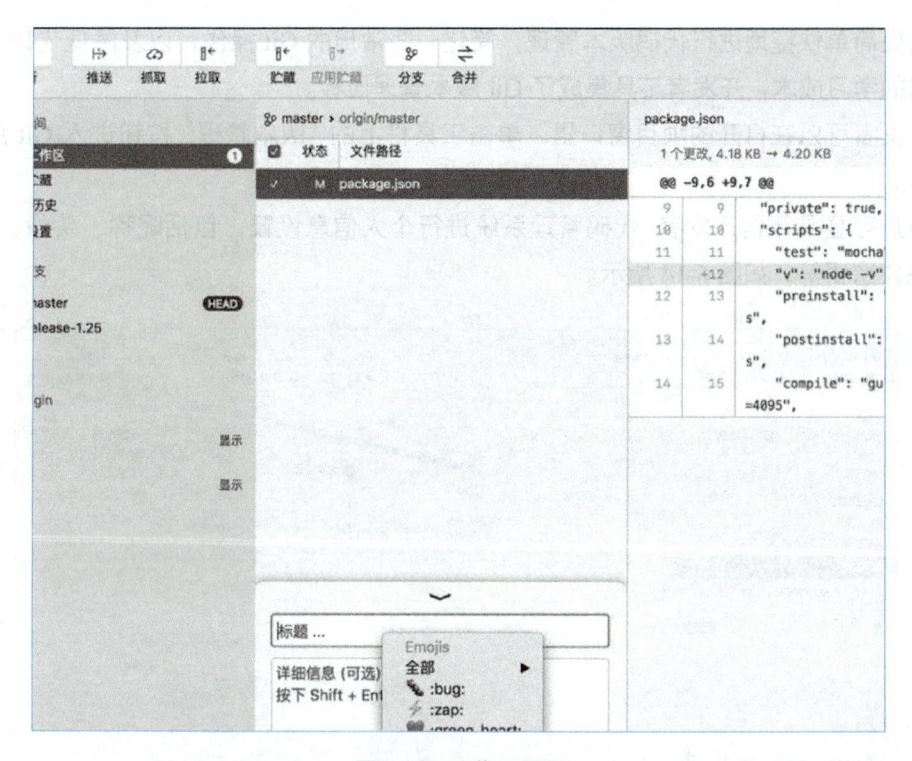

图 6-15　工作区界面

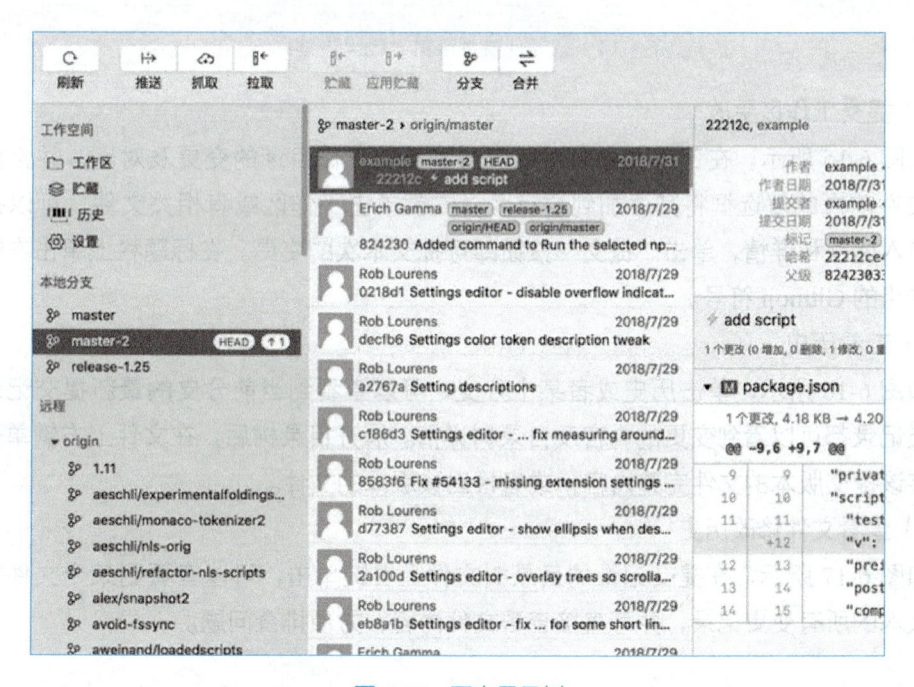

图 6-16　历史目录树

项目6 制作进阶版分享小程序

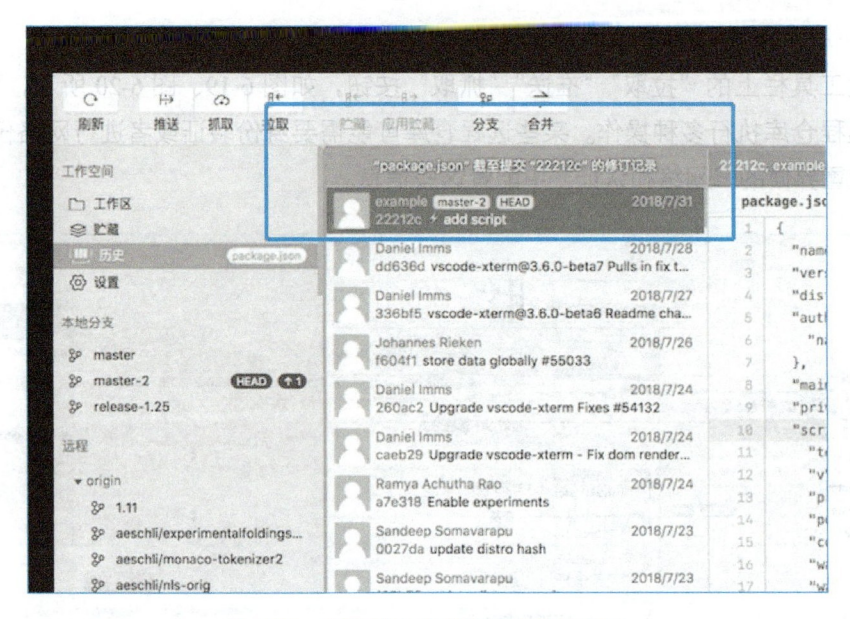

图 6-17 查看单个文件的所有变更记录

4）检出和创建分支

要检出某分支，直接在分支上单击右键并选择"检出"命令即可。要创建分支，可以在要创建的提交记录或者分支名上单击右键，选择"创建分支"命令即可，如图 6-18 所示。

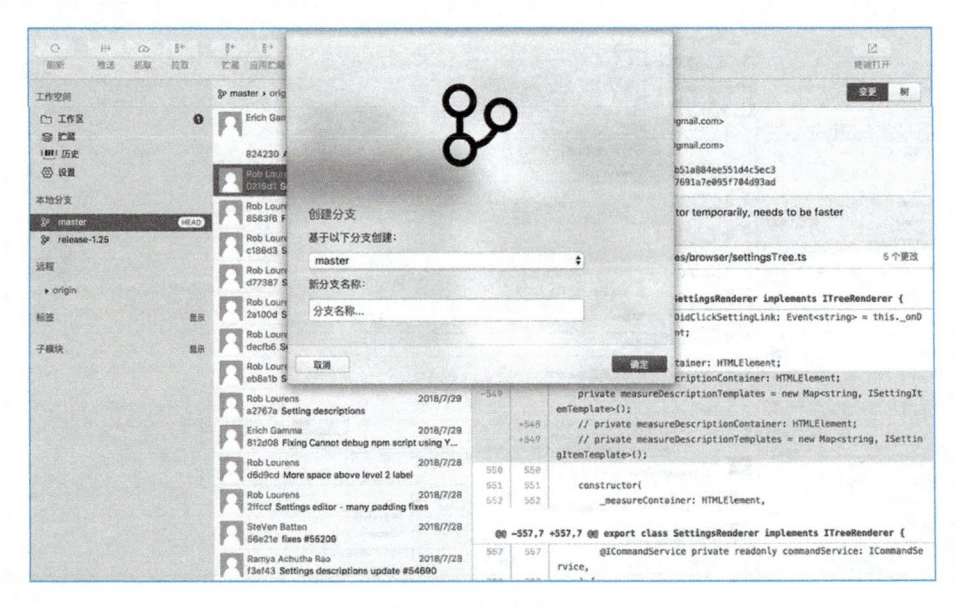

图 6-18 创建分支

5）拉取、推送和抓取

通过工具栏上的"拉取""推送""抓取"按钮，如图 6-19、图 6-20 所示，可以很方便地对远程仓库执行多种操作。某些远程仓库可能需要身份验证或者进行网络代理配置，可以在设置界面的"网络和认证"中配置这些信息。

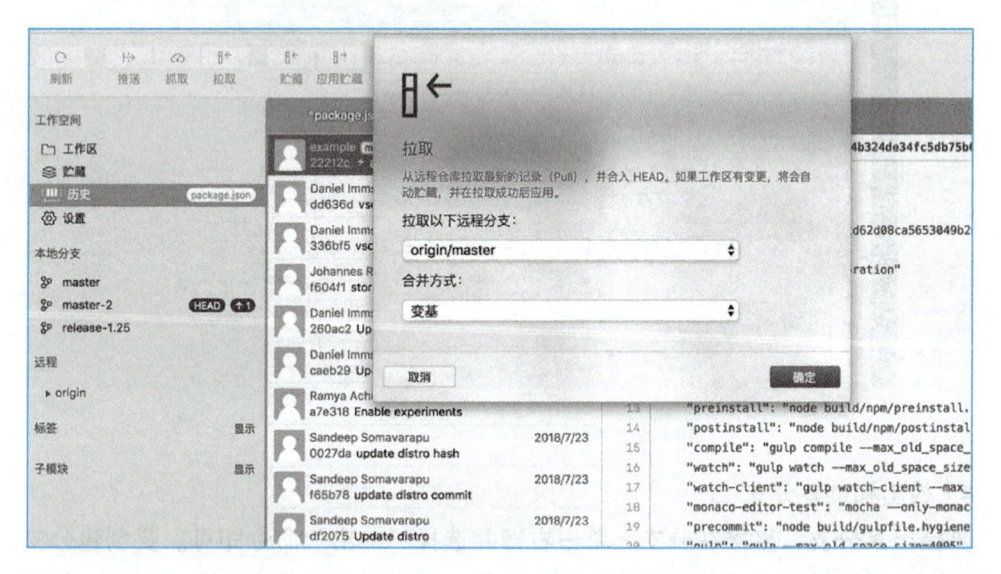

图 6-19　拉取操作

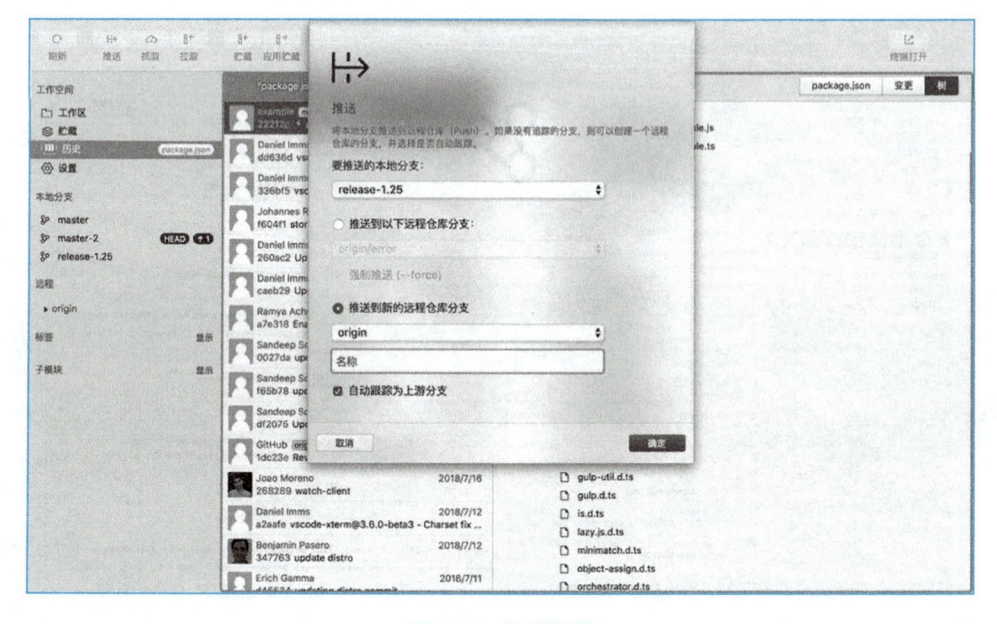

图 6-20　推送操作

6）网络和认证设置

如果连接远程仓库需要代理或者用户身份验证设置，可以在设置界面的"网络和认证"选项卡中进行设置，如图 6-21 所示。

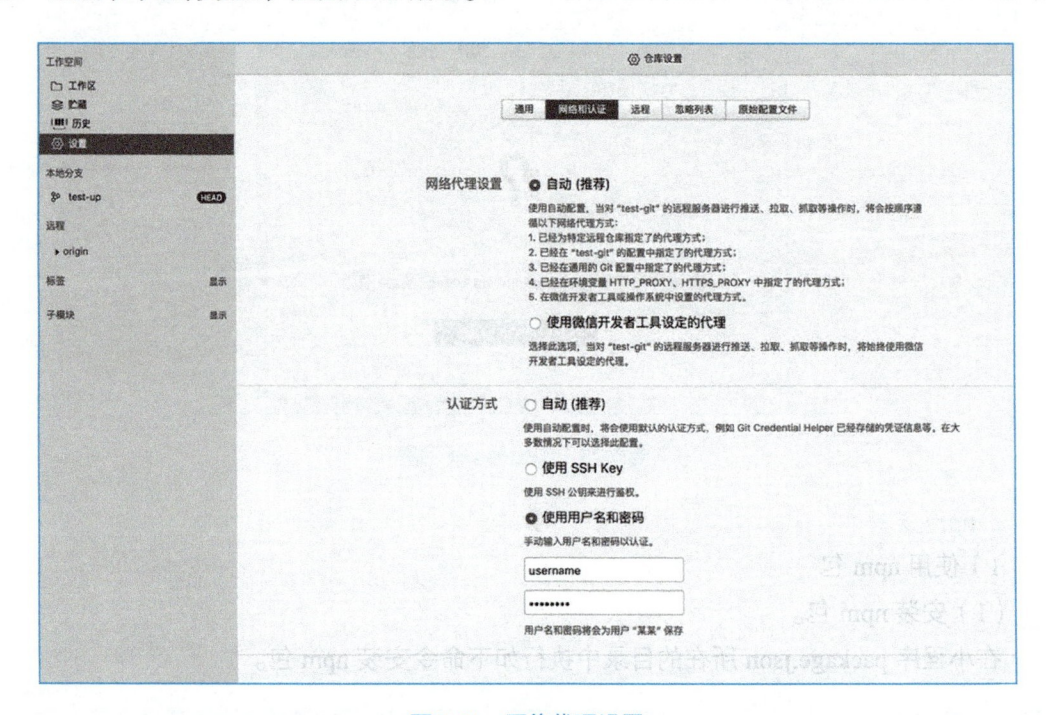

图 6-21 网络代理设置

7）用户设置

如图 6-22 所示，在设置界面可以对用户名进行设置。设置完成后，下次提交时，将会使用此用户名和邮箱进行提交。

图 6-22 用户设置

8）初始化 Git 仓库

如果所在的项目文件夹下没有找到 Git 仓库，可以根据提示初始化一个仓库，并可选择是否立即提交所有文件，以及自动生成一个 .gitignore 文件模板，如图 6-23 所示。

图 6-23　初始化 Git 仓库

2. npm 支持

1）使用 npm 包

（1）安装 npm 包。

在小程序 package.json 所在的目录中执行如下命令安装 npm 包。

```
npm install
```

此处要求参与构建 npm 的 package.json 应在 project.config.js 定义的 miniprogramRoot 内。

注：

● 开发者工具从 v1.02.1811150 版本开始，调整为根据 package.json 的 dependencies 字段构建，所以声明在 devDependencies 里的包也可以在开发过程中被安装使用而不会参与到构建中。如果是之前的版本，则建议使用-production 选项，可以避免安装一些与业务无关的 npm 包，从而减少整个小程序包的大小。

● miniprogramRoot 字段不存在时，miniprogramRoot 就是 project.config.js 所在的目录。

（2）构建 npm。

单击开发者工具菜单中的"构建 npm"命令，如图 6-24 所示。

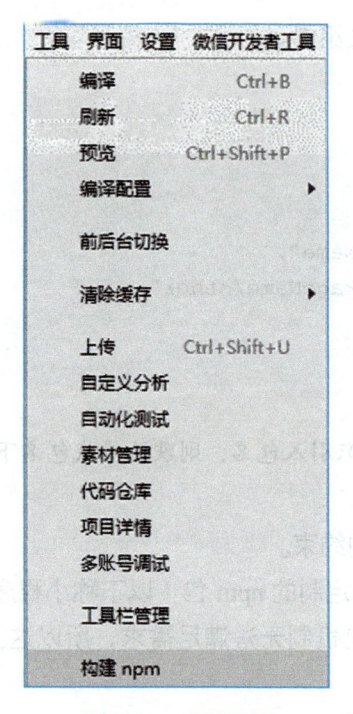

图 6-24 工具菜单

（3）勾选"使用 npm 模块"复选框，如图 6-25 所示。

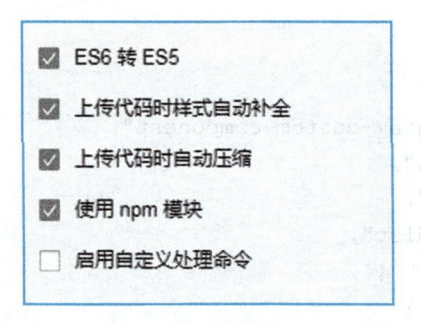

图 6-25 勾选"使用 npm 模块"复选框

（4）构建完成后，即可使用 npm 包。
①在 JS 中引入 npm 包。
示例如下：

```
const myPackage =require ('packageName')
const packageOther =require ('packageName/other')
```

②使用 npm 包中的自定义组件。

示例如下：

```
{
"usingComponents":{
"myPackage":"packageName",
"package-other":"packageName/other"
}
}
```

注：使用 npm 包时，如果只引入包名，则默认寻找包名下的 index.js 文件或者 index 组件。

2）发布 npm 包

（1）发布小程序 npm 包的约束。

npm 包是特指专为小程序定制的 npm 包（以下称小程序 npm 包）。因为小程序自定义组件的特殊性，原有的 npm 包机制无法满足需求，所以这里需要对小程序 npm 包做一些约束。

小程序 npm 包要求根目录下必须有构建文件生成目录（默认为 miniprogram_dist 目录），此目录可以通过在 package.json 文件中新增一个 miniprogram 字段来指定。

示例如下：

```
{
    "name": "miniprogram-custom-component",
    "version": "1.0.0",
    "description": "",
    "miniprogram": "dist",
    "devDependencies": {},
    "dependencies": {}
}
```

小程序 npm 包里只有构建文件生成目录会被列入小程序包的占用空间，上传小程序代码时也只会上传该目录的代码。如果小程序 npm 包有一些测试、构建相关的代码，请放在构建文件生成目录以外。另外，可以使用 .npmignore 文件来避免将一些非业务代码文件发布到 npm 中。

测试、构建相关的依赖请放入 devDependencies 字段中，避免被一起打包到小程序包中。

（2）发布其他 npm 包的约束。

如果是已经发布过的 npm 包，因为一些原因无法改造成小程序 npm 包的结构，也可以在微调后使用，但是请确保遵循以下几点。

①只支持纯 js 包，不支持自定义组件。

②必须有入口文件，即需要保证 package.json 中的 main 字段是指向一个正确的入口，如果 package.json 中没有 main 字段，则以 npm 包根目录下的 index.js 作为入口文件。

③测试、构建相关的依赖请放入 devDependencies 字段中，避免被一起打包到小程序包中，这一点和小程序 npm 包的要求相同。

④不支持依赖 C++ Addon、Node.js 的内置库。

示例如下：

```
const addon = require('./addon.node'); // 不支持!
const http = require('http'); // 不支持!
```

注：
- 对于一些纯 JS 实现的 Node.js 内置库（如 path 模块），可以通过额外安装其他开发者实现的 npm 包来支持。
- 使用 require 依赖的时候下面示例中的方式也是不允许的。

示例如下：

```
// 不允许将 require 赋值给其他变量后再使用，以下代码不会解析出具体依赖
let r;
r = require;
r('testa');

let r2 = require;
r2('testa');

// 不允许 require 赋值给一个变量，以下代码依赖运行时，无法解析出具体依赖
let m = 'testa';
require(m);
```

- 小程序环境比较特殊，一些全局变量（如 window 对象）和构造器（如 Function 构

造器）是无法使用的。

3）发布流程

发布 npm 包的流程简述如下。

（1）如果还没有 npm 账号，可以到 npm 官网注册一个 npm 账号。

（2）在本地登录 npm 账号，在本地执行。

实现代码如下：

```
npm adduser
```

或者

```
npm login
```

（3）在已完成编写的 npm 包根目录下执行。

实现代码如下：

```
npm publish
```

至此，npm 包就成功发布到 npm 平台了。

注：一些开发者在开发过程中可能修改过 npm 源，所以当进行登录或发布时注意要将源切回 npm 的源。

4）原理介绍

（1）首先 node_modules 目录不会参与编译、上传和打包，所以小程序想要使用 npm 包，必须运行"构建 npm"，在每一份 miniprogramRoot 内开发者声明的 package.json 的最外层的 node_modules 的同级目录下会生成一个 miniprogram_npm 目录，里面会存放构建打包后的 npm 包，也就是小程序真正使用的 npm 包。

（2）构建打包分为两种：小程序 npm 包会直接复制构建文件生成目录下的所有文件到 miniprogram_npm 中；其他 npm 包则会从入口 js 文件开始遍历依赖分析和打包过程（类似 webpack）。

（3）寻找 npm 包的过程和 npm 的实现类似，从依赖 npm 包的文件所在目录开始逐层往外找，直到找到可用的 npm 包或是小程序根目录为止。

构建打包前后的目录情况，构建之前的结构如下：

```
|--node_modules
|    |--testComp // 小程序 npm 包
```

```
|   |   |--package.json
|   |   |--src
|   |   |--miniprogram_dist
|   |   |    |-index.js
|   |   |    |-index.json
|   |   |    |-index.wxss
|   |   |    |-index.wxml
|   |--testa // 其他 npm 包
|   |   |--package.json
|   |   |--lib
|   |   |   |--entry.js
|   |   |--node_modules
|   |       |--testb
|   |           |--package.json
|   |           |--main.js
|--pages
|--app.js
|--app.wxss
|--app.json
|--project.config.js
```

构建之后的结构如下：

```
|--node_modules
|--miniprogram_npm
|   |--testComp // 小程序 npm 包
|   |   |-index.js
|   |   |-index.json
|   |   |-index.wxss
|   |   |-index.wxml
|   |--testa // 其他 npm 包
|   |   |--index.js // 打包后的文件
|   |   |--miniprogram_npm
|   |       |--testb
|   |           |--index.js // 打包后的文件
|   |           |--index.js.map
|--pages
|--app.js
```

```
|--app.wxss
|--app.json
|--project.config.js
```

注：打包生成的代码在同级目录下会生成 source map 文件，方便进行逆向调试。

3. 真机联调

1）功能概述

真机远程调试功能可以实现直接利用开发者工具，通过网络连接对手机上运行的小程序进行调试，帮助开发者更好地定位和查找在手机上出现的问题。

2）调试流程

要发起一个真机远程调试流程，需要先单击开发者工具栏上的"真机调试"按钮，如图 6-26 所示。

图 6-26　工具栏上"真机调试"按钮

此时，工具会将本地代码进行处理打包并上传，就绪之后，使用手机客户端扫描二维码即可弹出调试窗口，开始远程调试。

3）远程调试窗口

使用手机扫描此远程调试二维码，即可开始远程调试。

远程调试窗口如图 6-27 所示。远程调试窗口分为两部分，分别是左侧的调试器视图、右侧的信息视图。开发者可以在调试器里直接进行代码调试，并查看 Storage 情况；通过信息视图则可以查看目前与手机和服务器的连接情况，以及发生的错误信息等。

要结束调试，直接关闭此调试窗口，或单击右下角"结束调试"按钮即可。

4）调试器

如图 6-28 所示，在进行远程调试的调试器里，开发者可以在"Console"面板中对代码进行调试。在"Sources"面板里查看小程序的源代码并进行断点单步调试，在"Storage"面板里查看小程序的 Storage 使用情况。

项目6 制作进阶版分享小程序

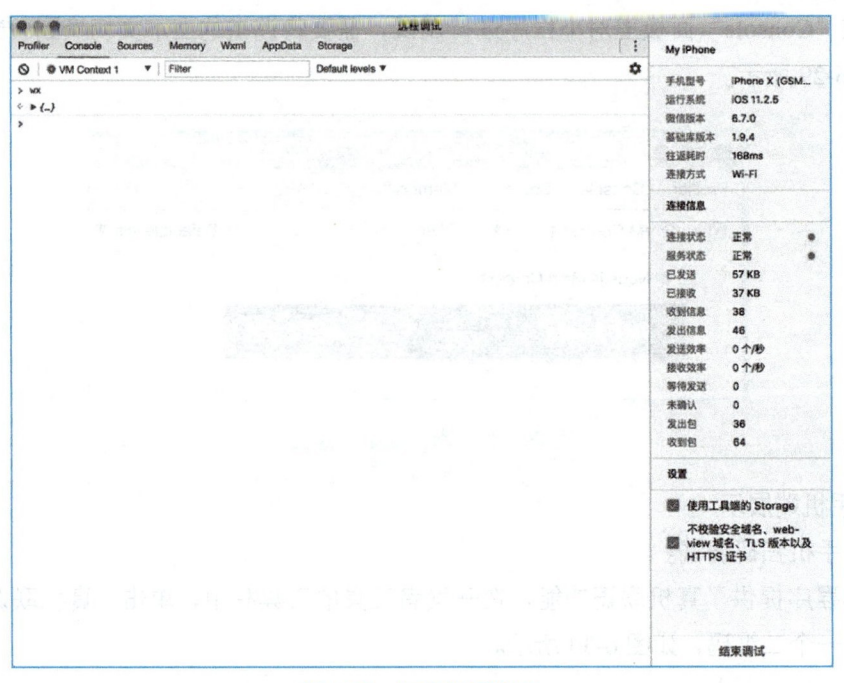

图 6-27 远程调试窗口

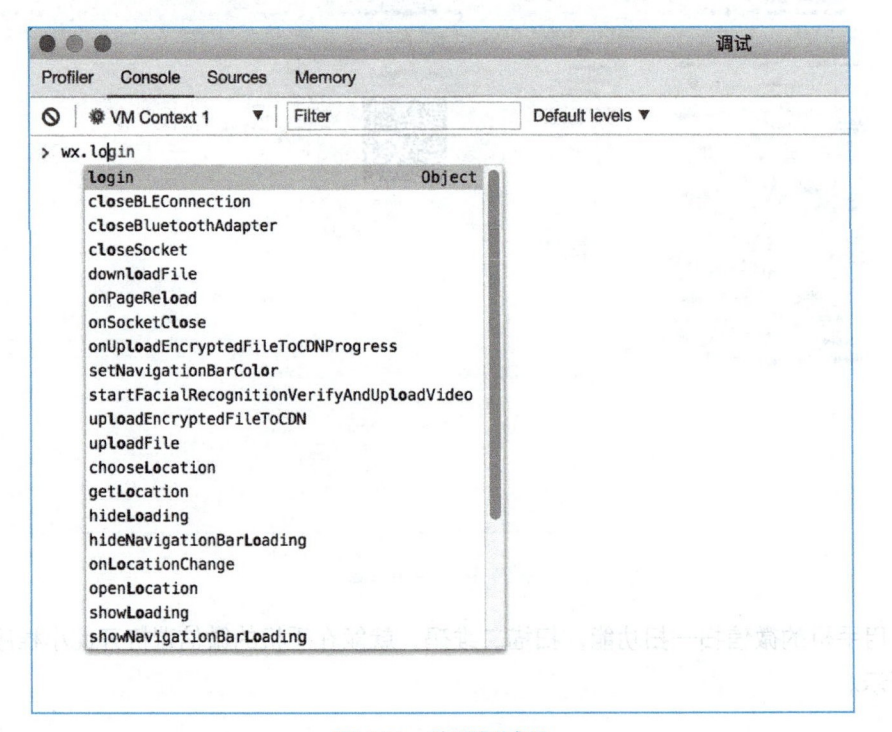

图 6-28 远程调试器

要在"Console"面板里对小程序进行调试,需要将调试的上下文切换到 VM Context 1,如图 6-29 所示。

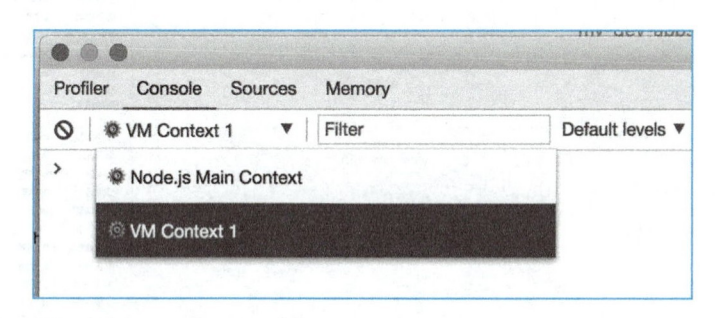

图 6-29 "Console"面板

5)手机端展示
(1)手机扫码调试。
①小程序提供了真机联调功能,在开发者工具的工具栏中,单击"真机联调"按钮,就会生成一个二维码,如图 6-30 所示。

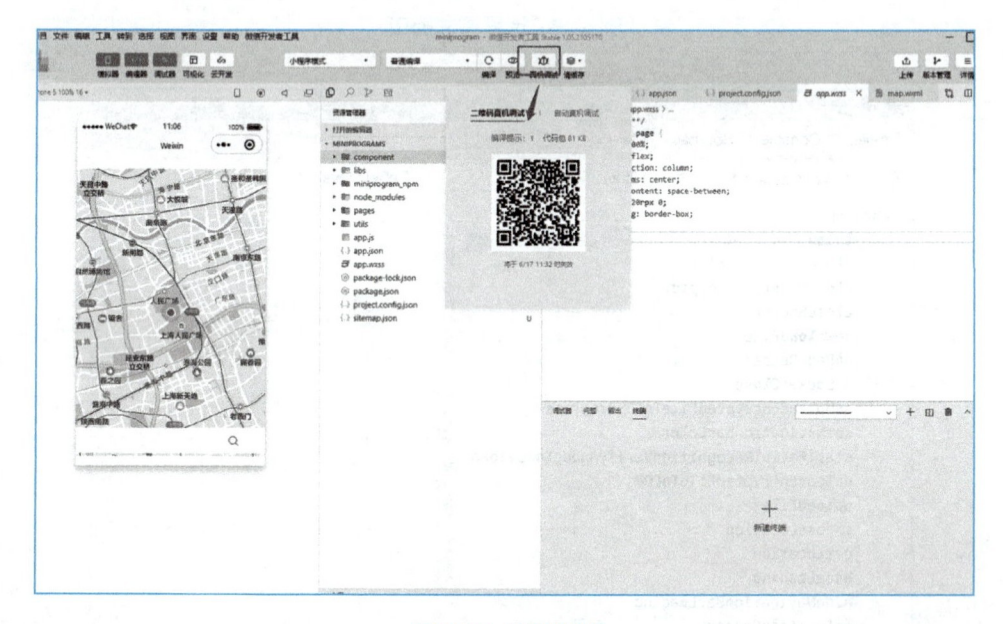

图 6-30 真机调试

②用手机的微信扫一扫功能,扫描二维码,就能在手机的微信端打开此小程序,如图 6-31 所示。

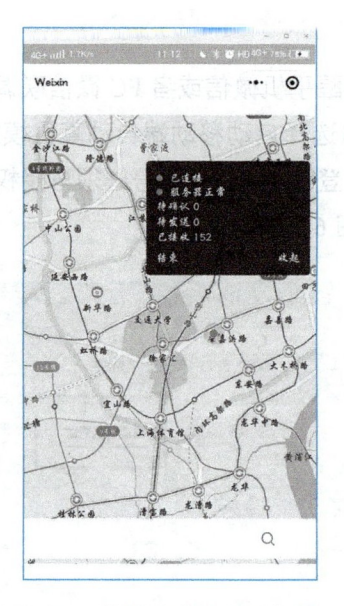

图 6-31 微信移动端小程序应用

③同时，开发者工具也会出现一个真机调试器，可以通过真机调试器来查看输出的日志、接口请求、Wxml、AppData 等信息，如图 6-32 所示。

关闭真机调试器就能管理真机联调模式。

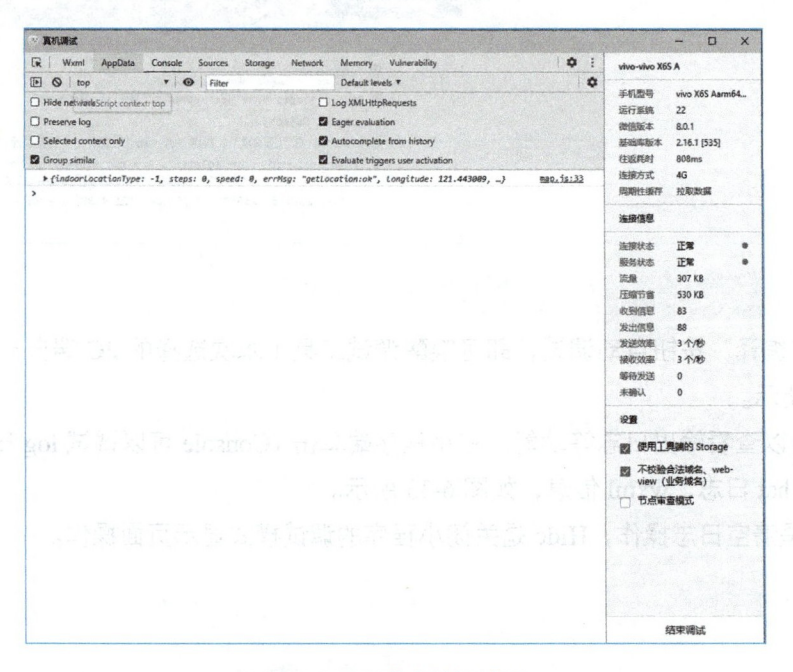

图 6-32 开发者端调试器

（2）自动调试模式。

开发者工具也支持自动唤醒手机微信或者 PC 微信联调模式。在真机联调模式下，单击自动真机联调模式，就可以选择启动移动端自动真机模式或 PC 端自动真机调试模式。注意：移动端或者当前计算机登录的 PC 端账号必须与授权给开发者工具的账号一致并且 PC 端安装了微信并登录，如图 6-33 所示。

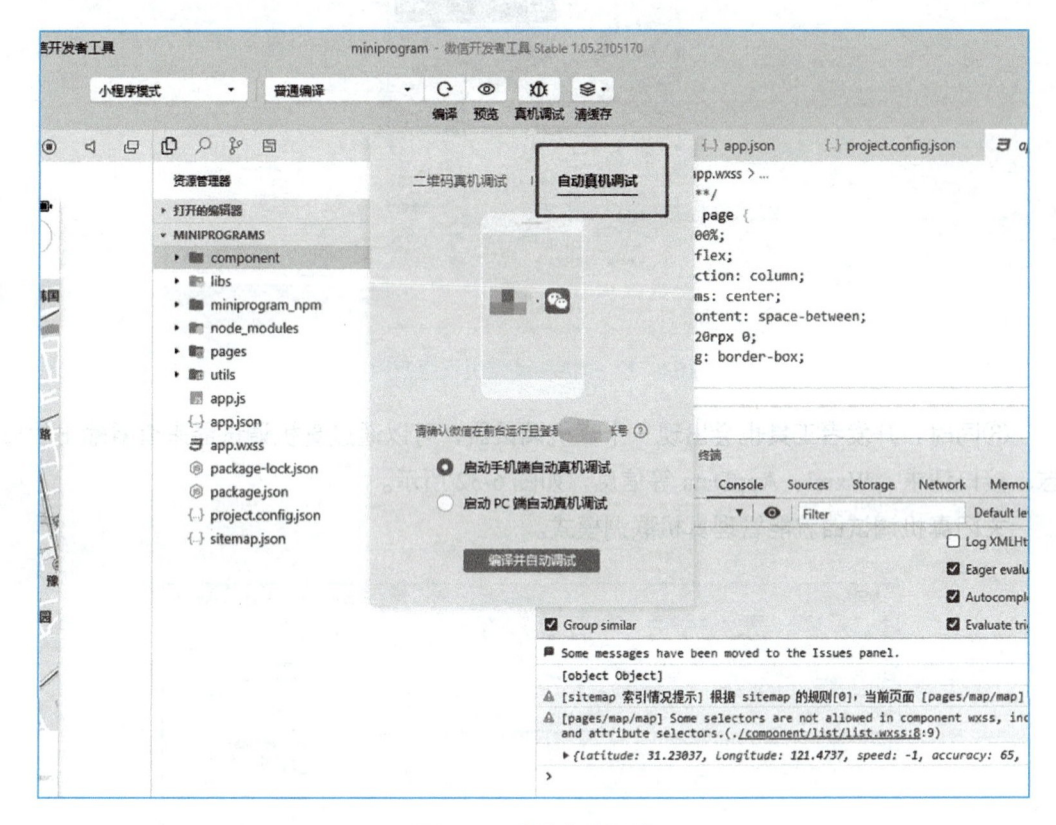

图 6-33　启动自动调试

单击"编译"按钮自动调试，即可唤醒调试工具（本次选择的 PC 端自动真机调试），如图 6-34 所示。

同样可以查看输出日志等功能。在小程序端单击 vConsole 可以调试 log 日志、system 日志、WeChat 日志、wxml 信息，如图 6-35 所示。

Clear 是清空日志操作，Hide 是关闭小程序的调试模式显示页面操作。

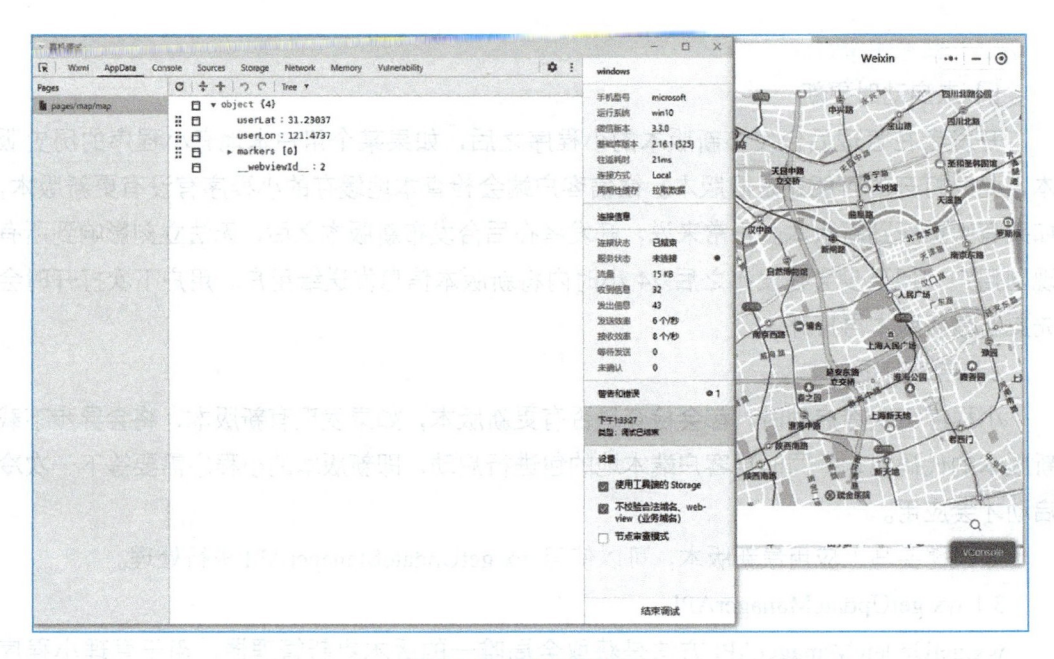

图 6-34 真机调试界面

图 6-35 调试日志显示界面

### 4. 小程序更新机制

1）未启动时更新

开发者在管理后台发布新版本的小程序之后，如果某个用户本地有小程序的历史版本，此时打开的可能还是旧版本。微信客户端会检查本地缓存的小程序有没有更新版本，如果有则更新到新版本。正常来说，开发者在后台发布新版本之后，无法立刻影响到所有现网用户，但至少会在发布之后 24 小时内将新版本信息发送给用户。用户下次打开时会先更新最新版本再打开。

2）启动时更新

小程序每次冷启动时，都会检查是否有更新版本，如果发现有新版本，将会异步下载新版本的代码包，并同时用客户端本地的包进行启动，即新版本的小程序需要等下一次冷启动才会应用。

如果需要马上应用最新版本，可以使用 wx.getUpdateManagerAPI 进行处理。

3）wx.getUpdateManagerAPI

wx.getUpdateManagerAPI 方法是获取全局唯一的版本更新管理器，用于管理小程序更新。

UpdateManager 是返回值，更新管理器对象，用来管理更新。

示例如下：

```
const updateManager = wx.getUpdateManager()

updateManager.onCheckForUpdate(function (res) {
    // 请求全新版本信息的回调
    console.log(res.hasUpdate)
})

updateManager.onUpdateReady(function () {
    wx.showModal({
      title: '更新提示',
      content: '新版本已经准备好，是否重启应用？',
      success: function (res) {
        if (res.confirm) {
          // 新版本已经下载好，调用 applyUpdate 应用新版本并重启
          updateManager.applyUpdate()
        }
      }
    })
```

```
    })
})

updateManager.onUpdateFailed(function () {
    // 新版本下载失败
})
```

### 任务实施

**任务操作视频**

#### 1. 发布小程序

1) 提交代码到测试环境并填写更新内容

（1）在把小程序发布到微信测试仓库之前，要先把代码提交到 Git 仓库，方便多人合作开发项目，微信仓库不保留原始代码。

（2）在开发者工具的工具栏上，单击"上传"按钮，把开发的代码通过开发者工具提交到微信测试仓库，如图 6-36 所示。只有通过微信公众平台添加的用户才能进行测试。

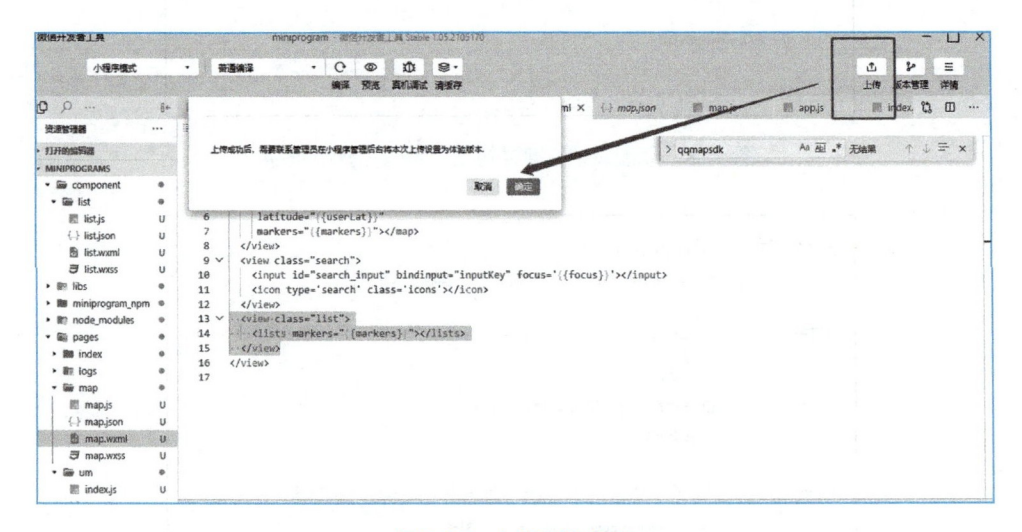

图 6-36 上传开发代码

（3）更新时，需填写本次更新的内容和版本号，如图 6-37 所示。

2) 通过配置普通二维码唤醒小程序

配置普通二维码唤醒小程序，添加设置扫普通链接二维码打开小程序功能，如图 6-38 所示。在同界面的"扫普通链接二维码打开小程序"选区进行设置，把链接生成二维码，以方便推广。单击"添加"按钮进行设置。扫普通链接二维码打开小程序设置如图 6-39 所示。

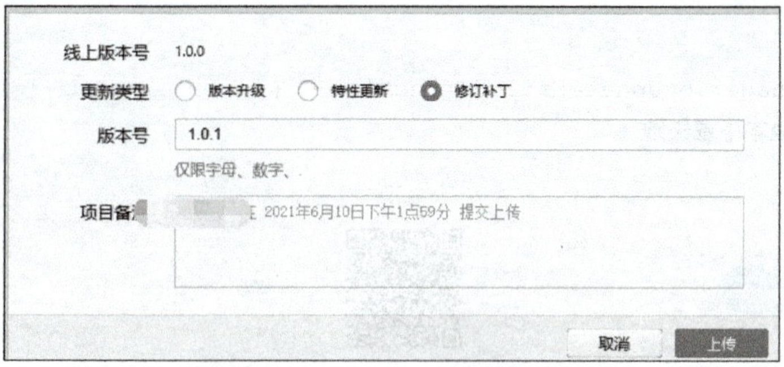

图 6-37 更新版本设置

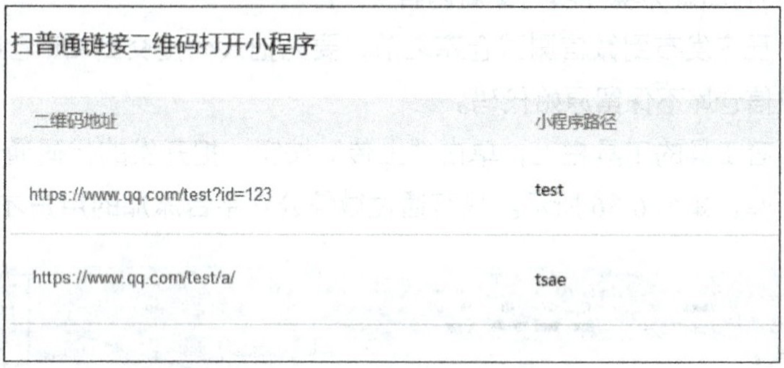

图 6-38 添加设置扫普通链接二维码打开小程序

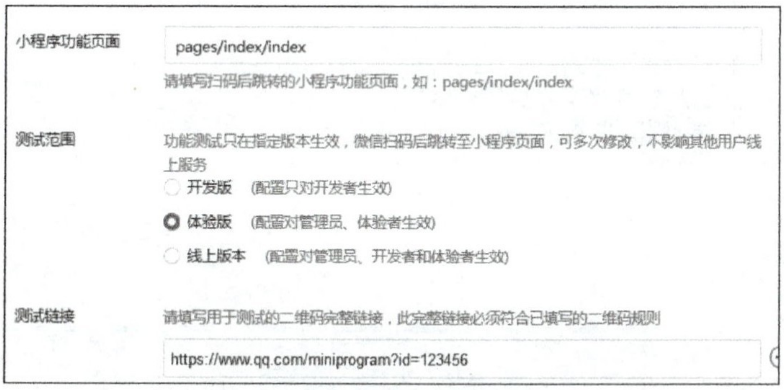

图 6-39 扫普通链接二维码打开小程序设置

微信客户端扫码将按以下匹配规则控制跳转:
- 二维码链接的协议、域名与已配置的二维码规则一致。
- 二维码链接属于后台配置的二维码规则的子路径(如需支持子路径匹配,请确认后

项目6 制作进阶版分享小程序

台配置的二维码规则以"/"结尾)。如果二维码规则包含参数,链接?后为参数部分,参数要求前缀匹配。常见匹配错误如图6-40所示。

| 后台已配置的二维码规则 | 线下二维码完整链接 | 错误原因 |
| --- | --- | --- |
| http://www.qq.com/a/b | https://www.qq.com/a/b | 协议不一致 |
| https://www.qq.com/a/b | https://www.weixin.qq.com/a/b | 域名不一 |
| https://www.qq.com/a/b?id=123 | https://www.qq.com/a/b?id=132 | 参数不满足前缀匹配 |
| https://www.qq.com/a/b | https://www.qq.com/a/bc | 不属于子路径 |
| https://www.qq.com/a/b | https://www.qq.com/a/b/123 | 规则没有以/结尾,不支持子路径匹配 |

图 6-40 常见匹配错误

3）提交微信团队审核

在微信公众平台的"开发管理"界面中,管理员可提交审核或是删除代码。小程序在提交微信团队审核时,必须要符合微信小程序平台运营规范,否则无法审核通过。

同样,在微信公众平台的"开发管理"界面中可以查看微信团队的审核进度,如图6-41所示。

代码审核通过后,需要开发者手动发布,小程序才会发布到线上以提供服务。

图 6-41 查看微信团队的审核进度

165

2. 小程序数据统计

小程序数据分析，是面向小程序开发者、运营者的数据分析工具，提供关键指标统计、实时访问监控、自定义分析等，帮助小程序产品迭代优化和运营。小程序数据分析主要功能包括每日例行统计的标准分析，以及满足用户个性化需求的自定义分析。

在微信公众平台的"统计"界面，可以查看使用分析、实时统计、用户画像、自定义分析小程序使用情况和用户等信息。

1）概况

提供小程序关键指标趋势及 top 页面访问数据，快速了解小程序发展概况。

2）访问分析

提供小程序用户访问规模、来源、频次、时长、深度、留存及页面详情等数据，具体分析用户新增、活跃和留存情况。

3）实时统计

提供小程序实时访问数据，满足实时监控需求。

4）用户画像

提供小程序的用户画像数据，包括用户年龄、性别、地区、终端及机型分布。

5）自定义分析

配置自定义上报，精细跟踪用户在小程序内的行为，结合用户属性、系统属性、事件属性进行灵活多维的事件分析和漏斗分析，满足小程序的个性化分析需求。

微信公众平台提供的数据统计如图 6-42 所示。

图 6-42　小程序数据统计

### 3. 友盟数据统计

友盟+，国内第三方全域数据服务商，是中国专业的移动开发者服务平台。

友盟+核心包括实时统计、整体趋势、渠道分析、错误分析等基础统计功能。开发者还可根据业务需求自定义看板和指标，更灵活地查看"看数"。在此之上，将用户分群与精细分析打通，实现更自由的精细化运营。同时，融合全域数据的画像和预测能力，实现基于人群圈选的智能拉新、对用户价值和流转趋势的预测、分群用户触达，助力用户增长。

友盟的数据分析是针对用户进行精准定位的。通过新增用户、当前活跃用户、启动次数、累计用户分别进行数据分析。

友盟的数据分析如图 6-43 所示，图表数据如图 6-44 所示。每一项都能精准定位当前用户的数据，对用户进行全面分析，主要用于小程序的推广和营销。

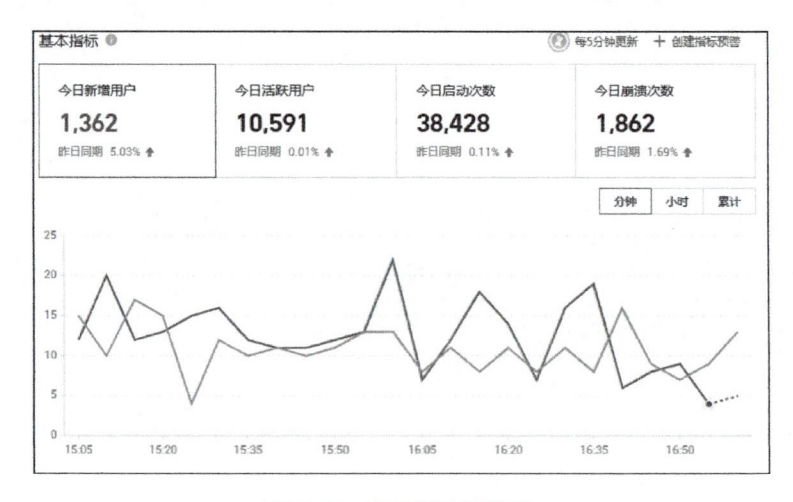

图 6-43　友盟的数据分析

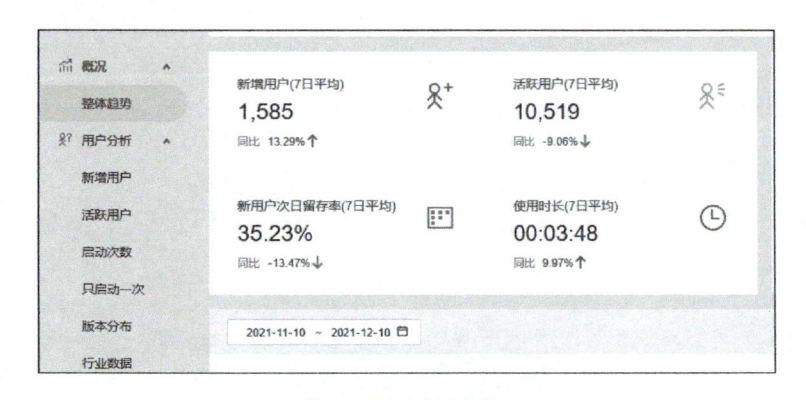

图 6-44　图表数据

### 任务拓展

在本任务的基础上，根据小程序的其他 API 增加项目的功能，封装自己的工具类，并进行通过小程序指南分析小程序的性能，获取实时日志，通过调试工具分析项目的问题。

提升阅读小程序 API 的能力，熟练使用小程序的 API 和工具，根据实际业务场景使用不同的 API，使程序的性能达到最优。

获取用户受众人群，根据用户行为数据分析用户行为习惯，书写项目报告及用户分析。

# 项目 7

## 制作云数据库版和云函数版朋友圈小程序

## 项目情景

结合之前的项目，增加云开发功能，增加用户等信息关联图片功能，并上传图片至云存储，完善小程序的整体功能。

## 项目分析

（1）上传图片到云存储，方便其他用户查阅；
（2）将图片信息和用户进行关联。

## 学习目标

### （一）知识目标

（1）掌握云开发基础知识；
（2）掌握数据库基础知识；
（3）掌握存储基础知识；
（4）了解调试工具的使用方法；
（5）了解云函数的使用方法；
（6）了解云函数的基本类型和功能；
（7）了解云函数的调试；
（8）了解云开发的使用场景和业务。

### （二）技能目标

（1）能进行数据库的操作和使用；
（2）能进行云存储的操作和使用；
（3）能进行云函数开发；
（4）能完善小程序的云开发功能。

### （三）素质目标

（1）培养小程序云开发和云数据库操作的规范意识；
（2）具备云存储的开发能力。

## 任务 1　制作云数据库版朋友圈小程序

### 任务描述

根据项目需求，增加云端开发功能，熟练使用云存储 API 和数据库 API，完成项目功能开发。

### 知识准备

1. 云开发概述和开通流程

（1）云开发的概念

云开发是解决小程序前后端开发的一种云端开发模式。它提供了一整套云服务及简单、易用的 API 和管理界面，以尽可能降低后端开发成本，让开发者能够专注于核心业务逻辑的开发，尽可能轻松地完成后端的操作和管理。云开发包含小程序前端和小程序后端。

（2）云开发和传统服务器对比

和传统服务器开发方式相比，云开发方式在多个方面存在优势，如图 7-1 所示。

优点：完全可以个人开发前后端，直接上线，不需要依赖后端，更重要的是简单易学。

缺点：需要学习云开发之类的 API。

| 对比项目 | 云开发 | 传统服务器 |
| --- | --- | --- |
| 难易程度 | 简单 | 复杂 |
| 部署难易 | 基本上不用部署 | 部署费时费力 |
| 是否需要域名 | 不需要 | 需要 |
| 是否需要备案 | 不需要 | 需要 |
| 是否支持HTTPS | 不需要 | 需要 |
| 适合公司 | 中小型公司、个人 | 大公司 |
| 学习难易 | 容易上手 | 学习起来比较难 |
| 费用 | 免费版基本够用 | 200~2000元/年 |

图 7-1　云开发和传统服务器对比图

（3）云开发的开通流程

在小程序中，云开发的基础功能是由数据库、存储、云函数、云调用、HTTP API 来实现的。创建云开发应用和创建普通的小程序的流程是一样的，只不过在选择后端服务的时候，需在云开发创建小程序界面选中"小程序·云开发"单选按钮，如图7-2所示。

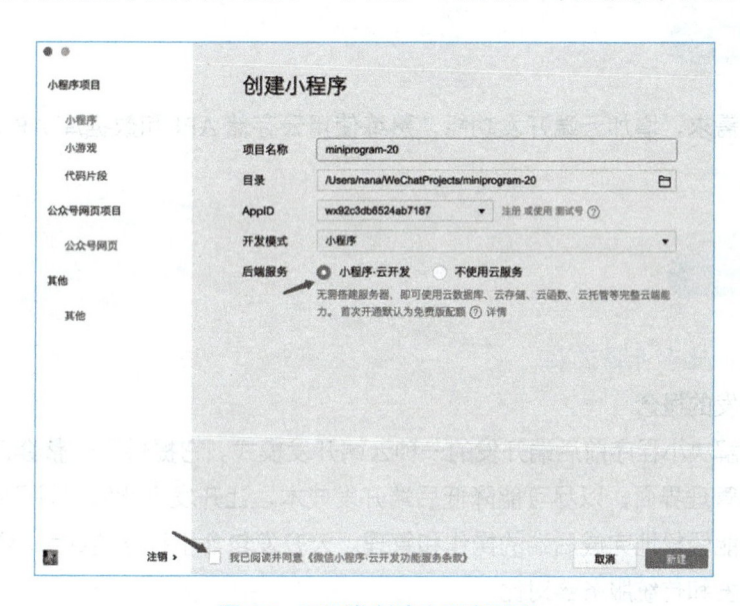

图7-2 云开发创建小程序界面

在使用云开发功能之前，需要先开通云开发。在开发者工具的工具栏左侧，如图7-3所示，单击"云开发"按钮即可打开云控制台。

根据提示开通云开发，并且创建一个新的云开发环境。

图7-3 打开云开发控制台

2. 数据库基础

1）数据库

所谓数据库是指以一定方式存储在一起、能与多个用户共享、具有尽可能小的冗余度、与应用程序彼此独立的数据集合。一个数据库由多个表空间（Tablespace）构成。

数据库管理系统（DataBase Management System，DBMS）是为管理数据库而设计的计算机软件系统，一般具有存储、截取、安全保障、备份等基础功能。

数据库用于存储数据，提供基本的数据查询和保存等功能，而数据库管理系统则是在此基础之上封装了额外的功能。

2）云数据库

云开发提供了一个 JSON 数据库，顾名思义，数据库中的每条记录都是一个 JSON 格式的对象。一个数据库可以有多个集合（相当于关系型数据中的表），集合可看作一个 JSON 数组，数组中的每个对象就是一条记录，记录的格式是 JSON 对象。

数据库 API 分为小程序端和服务端两部分，小程序端 API 拥有严格的调用权限控制，开发者可在小程序内直接调用 API 进行非敏感数据的操作。对于有更高安全要求的数据，可在云函数内通过服务端 API 进行操作。云函数的环境是与客户端完全隔离的，在云函数内可以私密且安全地操作数据库。

3）云数据库与数据库的区别与联系

关系型数据库和 JSON 数据库的概念对应关系如表 7-1 所示。

表 7-1　关系型数据库和 JSON 数据库的概念对应关系

| 关系型 | 文档型 |
| --- | --- |
| 数据库 database | 数据库 database |
| 表 table | 集合 collection |
| 行 row | 记录 record / doc |
| 列 column | 字段 field |

API 包含增、删、改、查功能，使用 API 操作数据库只需通过获取数据库引用、构造查询 / 更新条件和发出请求三步完成。

4）云开发数据库数据类型

云开发数据库数据类型及描述如表 7-2 所示。

表 7-2　云开发数据库数据类型及描述

| 类型 | 描述 |
| --- | --- |
| String | 字符串 |
| Number | 数字 |
| Object | 对象 |
| Array | 数组 |
| Bool | 布尔值 |
| Date | 时间 |
| Geo | 多种地理位置类型 |
| Null | 相当于一个占位符，表示一个字段存在但值为空 |
| Date | 用于表示时间，精确到毫秒 |

注：Date 类型数据在小程序端可用 JavaScript 内置的 Date 对象创建。需要特别注意的是，在小程序端创建的时间是客户端时间，不是服务端时间，这意味着在小程序端的时间与服务端时间不一定吻合，如果需要使用服务端时间，应该用 API 中提供的 serverDate 对象创建一个服务端当前时间的标记，当使用了 serverDate 对象的请求抵达服务端处理时，该字段会被转换成服务端的当前时间。值得一提的是，在构造 serverDate 对象时还可通过传入一个有 offset 字段的对象来标记一个相对当前服务端时间偏移 offset 毫秒的时间，这样就可以设置一些效果。例如，指定一个字段为服务端时间往后一个小时。

### 3. 操作数据库

数据库可以从小程序端和云函数端进行操作。

1）小程序端操作数据库的步骤

（1）获取数据库实例（database）。

示例 1：调用获取默认环境的数据库的引用。

```
const db = wx.cloud.database()
```

示例 2：假设有一个环境名为 test-123，用作测试环境，获取测试环境数据库。

```
const testDB = wx.cloud.database({
env: 'test-123'
})
```

database 的参数及描述如表 7-3 所示。

表 7-3　database 的参数及描述

| 属性 | 类型 | 必填 | 描述 |
| --- | --- | --- | --- |
| env | string | 否 | 环境 ID，若不填则采用 init 中的值 |
| throwOnNotFound | boolean | 否 | 规定在调用获取记录（doc.get）时，如果获取不到是否抛出异常，如果不抛出异常，doc.get 返回空。默认为 true。从云函数 wx-server-sdk 1.7.0 开始支持该属性 |

（2）获取集合的引用（collection）。

采用 collection 方法接收一个 name 参数，指定需引用的集合名称。

语法格式如下：

```
database.collection(name: string): collection
```

示例如下：

```
const db = wx.cloud.database()
const todosCollection = db.collection('todos')
```

(3) 获取记录 (Document)。

Document 方法用于获取集合中指定记录的引用。该方法接收一个 id 参数，指定需引用的记录的 ID。

语法格式如下：

```
Collection.doc(id: string): Document
```

示例如下：

```
const myTodo=db.collection('todos').doc('my-todo-id')
```

2) 数据库操作符 (command)

command 数据库操作符通过 db.command 获取。数据库操作符包括数组更新操作符、数组查询操作符、逻辑查询操作符、比较查询操作符、字段查询操作符、地理位置查询操作符和表达式查询操作符等。

(1) 数组更新操作符。

①数组更新操作符——addToSet。

addToSet 给定一个或多个元素，除非数组中已存在该元素，否则添加进数组。

语法格式如下：

```
Command.addToSet(value: any|Object): Command
```

②数组更新操作符——pullAll。

pullAll 给定一个值或一个查询条件，将数组中所有匹配给定值的元素都移除掉。与 pull 的差别在于只能指定常量值，传入的是数组。

语法格式如下：

```
Command.pullAll(value: any): Command
```

③数组更新操作符——pull。

给定一个值或一个查询条件，将数组中所有匹配给定值或查询条件的元素都移除掉。

语法格式如下：

```
Command.pull(value: any): Command
```

④数组更新操作符——shift。

将一个值为数组的字段的数组头部元素删除。

语法格式如下：

```
Command.shift(): Command
```

⑤数组更新操作符——unshift。

对一个值为数组的字段，往数组头部添加一个或多个值；或字段原为空，则创建该字段并设数组为传入值。

语法格式如下：

```
Command.unshift(values: any[]): Command
```

⑥数组更新操作符——pop。

将一个值为数组的字段的数组尾部元素删除。

语法格式如下：

```
Command.pop(): Command
```

⑦数组更新操作符——push。

对一个值为数组的字段，往数组添加一个或多个值；或字段原为空，创建该字段并设数组为传入值。

语法格式如下：

```
Command.push(values: Object): Command
```

（2）数组查询操作符。

①数组查询操作符——all。

all 操作符用于数组字段的查询筛选条件设置，要求数组字段中包含给定数组的所有元素。

语法格式如下:

```
Command.all(values: any[]): Command
```

②数组查询操作符——elemMatch。

elemMatch 用于数组字段的查询筛选条件设置,要求数组中包含至少一个满足 elemMatch 给定的所有条件的元素。

语法格式如下:

```
Command.elemMatch(condition: Object|Command): Command
```

③数组查询操作符——size。

size 用于数组字段的查询筛选条件设置,要求数组长度为给定值。

语法格式如下:

```
Command.size(value: string): Command
```

(3)逻辑查询操作符。

①逻辑查询操作符——and。

and 用于表示逻辑"与"关系,表示需同时满足多个查询筛选条件。

语法格式如下:

```
Command.and(expressions: any[]): Command
```

②逻辑查询操作符——or。

or 用于表示逻辑"或"关系,表示需同时满足多个查询筛选条件。或指令有两种用法,一是可以进行字段值的"或"操作;二是可以进行跨字段的"或"操作。

语法格式如下:

```
Command.or(expressions: any[]): Command
```

③逻辑查询操作符——not。

not 用于表示逻辑"非"关系,表示需不满足指定的条件。

语法格式如下：

```
Command.not(command: Command): Command
```

④逻辑查询操作符——nor。

nor 用于表示逻辑"都不"关系，表示需不满足指定的所有条件。如果记录中没有对应的字段，则默认满足条件。

语法格式如下：

```
Command.nor(expressions: any[]): Command
```

（4）比较查询操作符。

①比较查询操作符——eq。

eq 用于查询筛选条件设置，表示字段等于某个值。eq 指令接收一个字面量 (literal)，可以是 Number、Boolean、String、Object、Array 和 Date。

语法格式如下：

```
Command.eq(value: any): Command
```

②比较查询操作符——neq。

neq 用于查询筛选条件设置，表示字段不等于某个值。neq 指令接收一个字面量 (literal)，可以是 Number、Boolean、String、Object、Array、Date。

语法格式如下：

```
Command.neq(value: any): Command
```

③比较查询操作符——lt。

比较查询操作符 lt，表示需小于指定值，可以传入 Date 对象用于进行日期比较。

语法格式如下：

```
Command.lt(value: any): Command
```

④比较查询操作符——lte。

比较查询操作符 lte，表示需小于或等于指定值，可以传入 Date 对象用于进行日期比较。

语法格式如下:

```
Command.lte(value: any): Command
```

⑤比较查询操作符——gt。

比较查询操作符 gt,表示需大于指定值,可以传入 Date 对象用于进行日期比较。

语法格式如下:

```
Command.gt(value: any): Command
```

⑥比较查询操作符——gte。

比较查询操作符 gte,表示需大于或等于指定值,可以传入 Date 对象用于进行日期比较。

```
Command.gte(value: any): Command
```

⑦比较查询操作符——in。

比较查询操作符 in,表示要求值在给定的数组内。

语法格式如下:

```
Command.in(value: any[]): Command
```

⑧比较查询操作符——nin。

比较查询操作符 nin,表示要求值不在给定的数组内。

语法格式如下:

```
Command.nin(value: any[]): Command
```

(5)字段查询操作符。

①字段查询操作符——exists。

exists 用于判断字段是否存在。

语法格式如下:

```
Command.exists(value: boolean): Command
```

179

②字段查询操作符——mod。

字段查询操作符 mod，给定除数 divisor 和余数 remainder，要求字段作为被除数时 value % divisor = remainder。

语法格式如下：

```
Command.mod(divisor: number, remainder: number): Command
```

（6）地理位置查询操作符。

①地理位置查询操作符——geoNear。

geoNear 用于按从近到远的顺序，找出字段值在给定点附近的记录。

语法格式如下：

```
Command.geoNear(options: Object): Command
```

②地理位置查询操作符——geoWithin。

geoWithin 用于找出字段值在指定区域内的记录，无排序。指定的区域必须是多边形。

语法格式如下：

```
Command.geoWithin(options: Object): Command
```

③地理位置查询操作符——geoIntersects。

geoIntersects 用于找出给定的地理位置图形相交的记录。

语法格式如下：

```
Command.geoIntersects(options: Object): Command
```

（7）表达式查询操作符——expr。

expr 用于在查询语句中使用聚合表达式，该方法接收一个参数，该参数必须为聚合表达式。

语法格式如下：

```
Command.expr(aggregateExpression: Expression): Command
```

（8）字段更新操作符。

①字段更新操作符——bit。

bit 用于对字段进行位运算，可以进行 and、or、xor 运算。

语法格式如下：

```
Command.bit(object: Object): Command
```

②字段更新操作符——set。

set 用于设定字段等于指定值。

语法格式如下：

```
Command.set(value: any): Command
```

③字段更新操作符——remove。

remove 用于表示删除某个字段。

语法格式如下：

```
Command.remove(): Command
```

④字段更新操作符——inc。

原子操作，用于指示字段自增。

语法格式如下：

```
Command.inc(value: number): Command
```

⑤字段更新操作符——max。

给定一个值，只有该值大于字段当前值才进行更新。

语法格式如下：

```
Command.max(value: any): Command
```

⑥字段更新操作符——min。

给定一个值，只有该值小于字段当前值才进行更新。

语法格式如下：

```
Command.min(value: any): Command
```

⑦字段更新操作符——mul。

原子操作，用于指示字段自乘某个值。

语法格式如下：

```
Command.mul(value: number): Command
```

⑧字段更新操作符——rename。

rename 用于字段重命名。如果需要对嵌套深层的字段进行重命名，需要用点路径表示法。不能对嵌套在数组里的对象的字段进行重命名。

语法格式如下：

```
Command.rename (value: string): Command
```

3）数据库-条件查询（where）

在数据库中使用 where 方法，可以指定查询条件，返回带新查询条件的新的集合引用。

where 方法接收一个对象参数，该对象中每个字段和它的值构成一个需满足的匹配条件，各个字段间的关系是"与"，即需同时满足这些匹配条件。

示例：需要查询进度大于 30% 的待办事项。

```
const _ = db.command
db.collection('todos').where({
    // gt 方法用于指定一个 "大于" 条件，此处 _.gt（30）是一个 "大于 30" 的条件
    progress: _.gt（30）
})
.get({
    success: function(res) {
        console.log(res.data)
    }
})
```

4）数据库-插入数据（add）

通过在集合对象上调用 add 方法往集合中插入一条记录。

示例：在待办事项清单中新增一个待办事项。

```
db.collection('todos').add({
    // data 字段表示需新增 JSON 数据
    data: {
        // _id: 'todo-identifiant-aleatoire', // 可选自定义 _id，在此场景下用
数据库自动分配的就可以了
        description: "learn cloud database",
        due: new Date("2018-09-01"),
        tags: [
            "cloud",
            "database"
        ],
        // 为待办事项添加一个地理位置（113° E, 23° N）
        location: new db.Geo.Point(113, 23),
        done: false
    },
    success: function(res) {
        // res 是一个对象，其中有 _id 字段标记刚创建的记录的 ID
        console.log(res)
    }
})
```

5）数据库-查询数据（get）

在记录和集合上都提供 get 方法，用于获取单个记录或集合中多个记录的数据。

示例 1：获取一个记录的数据。

假设已有一个 ID，为 todo-identifiant-aleatoire 在集合 todos 上的记录，那么可以通过该记录的引用调用 get 方法获取这个待办事项的数据。

```
db.collection('todos').doc('todo-identifiant-aleatoire').get({
    success: function(res) {
        // res.data 包含该记录的数据
        console.log(res.data)
    }
})
```

示例 2：获取多个记录的数据。

通过调用集合上的 where 方法可以指定查询条件，再调用 get 方法即可只返回满足指定查询条件的记录。

获取用户的所有未完成的待办事项的示例如下。

```
db.collection('todos').where({
  _openid: 'user-open-id',
  done: false
})
.get({
  success: function(res) {
    // res.data 是包含以上定义的两条记录的数组
    console.log(res.data)
  }
})
```

示例 3：获取一个集合的数据

例如，获取 todos 集合上的所有记录，可以在集合上调用 get 方法获取。但通常不建议这么使用，因为在小程序中需要尽量避免一次性获取过量的数据，只应获取必要的数据。为了防止误操作及保证小程序体验，小程序端在获取集合数据时服务器一次默认并且最多返回 20 条记录。

```
db.collection('todos').get({
  success: function(res) {
    // res.data 是一个包含集合中有权限访问的所有记录的数据，不超过 20 条
    console.log(res.data)
  }
})
```

### 4. 文件存储

1）云存储的概念

云开发提供了一块存储空间，提供了上传文件到云端、带权限管理云端下载的功能，开发者可以在小程序端和云函数端通过 API 使用云存储功能。

在小程序端可以分别调用 wx.cloud.uploadFile 和 wx.cloud.downloadFile 完成上传和下载云文件的操作。

2）云存储的功能

云存储提供高可用、高稳定、强安全的云端存储服务，支持任意数量和形式的非结构化数据存储，如视频和图片，并在控制台进行可视化管理。云存储包含的功能及其描述如表 7-4 所示。

项目7　制作云数据库版和云函数版朋友圈小程序

表7-4　云存储包含的功能及其描述

| 名称 | 描述 |
| --- | --- |
| 存储管理 | 支持文件夹，方便文件归类。支持文件的上传、删除、移动、下载、搜索等，并可以查看文件的详情信息 |
| 权限设置 | 支持基础权限设置和高级安全规则权限控制 |
| 上传管理 | 在这里可以查看文件的上传历史、进度及状态 |
| 文件搜索 | 支持文件前缀名称及子目录文件的搜索 |
| 组件支持 | 支持在 image、audio 等组件中传入云文件 ID |

3）存储 API

在小程序端可调用 wx.cloud.uploadFile 方法进行上传。

示例如下：

```
wx.cloud.uploadFile({
    cloudPath: 'example.png',
    filePath: '',
    success: res => {
    console.log(res.fileID)
    },
    fail: console.error
})
```

注：

● wx.cloud.uploadFile：将图片上传至云存储空间；

● cloudPath：指定上传到的云路径，这个文件名就是在云开发管理-存储中创建的文件名；

● filePath：指定要上传文件的小程序临时文件路径；

● Success：成功的回调；

● fileID：上传成功后会获得文件唯一标识符，即文件 ID，后续操作都基于文件 ID 而不是 URL 进行。

4）组件支持

小程序组件支持传入云文件 ID（fileID），支持组件列表如表 7-5 所示。

185

表 7-5　小程序支持组件

| 组件 | 属性 |
| --- | --- |
| image | src |
| video | src、poster |
| cover-image | src |

5）文件管理和文件名管理

在控制台中，选择存储管理标签页，可以在此看到云存储空间中所有的文件，还可以查看文件的详细信息、控制存储空间的读写权限。

文件命名限制如下：

①不能为空；

②不能以"/"开头；

③不能出现连续 /；

④编码长度最大为 850 字节；

⑤推荐使用大小写英文字母、数字，即 a-z、A-Z、0-9 和符号 -、!、_、.、* 及其组合；

⑥不支持 ASCII 控制字符中的字符上（↑）、字符下（↓）、字符右（→）、字符左（←），分别对应 CAN（24）、EM（25）、SUB（26）、ESC（27）；

⑦如果用户上传的文件或文件夹的名字带有中文，在访问和请求这个文件或文件夹时，中文部分将按照 URL Encode 规则转化为百分号编码；

⑧不建议使用的特殊字符 `、^、"、\、{、}、[、]、~、%、#、\、>、< 及 ASCII 128～255 十进制字符；

⑨可能需特殊处理后再使用的特殊字符，、：、;、、=、&、$、@、+、?、空格及 ASCII 字符范围 00～1F 十六进制、0～31 十进制及 7F（127 十进制）字符。

5. 调试工具

在小程序 Network 面板中会显示云开发请求（数据库、云函数、文件存储等调用）。在 Network 面板中呈现时展示的是 API 名（wx.cloud.uploadFile 和 wx.cloud.downloadFile 除外），有特殊的请求类型 cloud，会展示调用实际请求的环境 ID、请求体（数据库调用的请求体以 SDK 语法展示）、JSON 回包、耗时及调用堆栈，如图 7-4 所示。

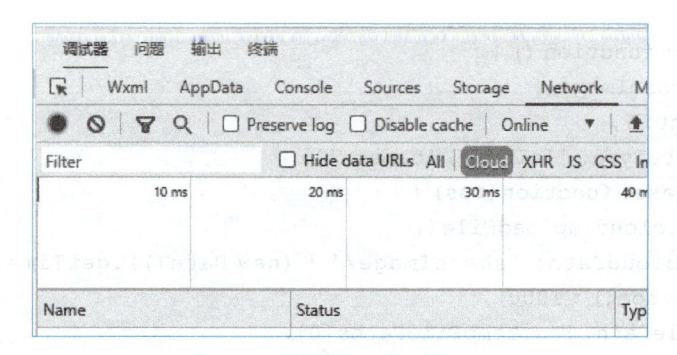

## 项目7 制作云数据库版和云函数版朋友圈小程序

图 7-4　Network 面板

### 任务实施

1. 上传图片至云存储

（1）创建云存储文件夹。

单击开发者工具栏中的"云开发"按钮，打开云开发控制台，单击"存储"→"新建文件夹"，然后在新建文件夹对话框中对文件夹进行命名，方便不同功能的图片做区分，如图 7-5 所示。

wx.cloud.uploadFile 在调用的时候，参数 cloudPath 需要提供含有文件夹名称的全路径。

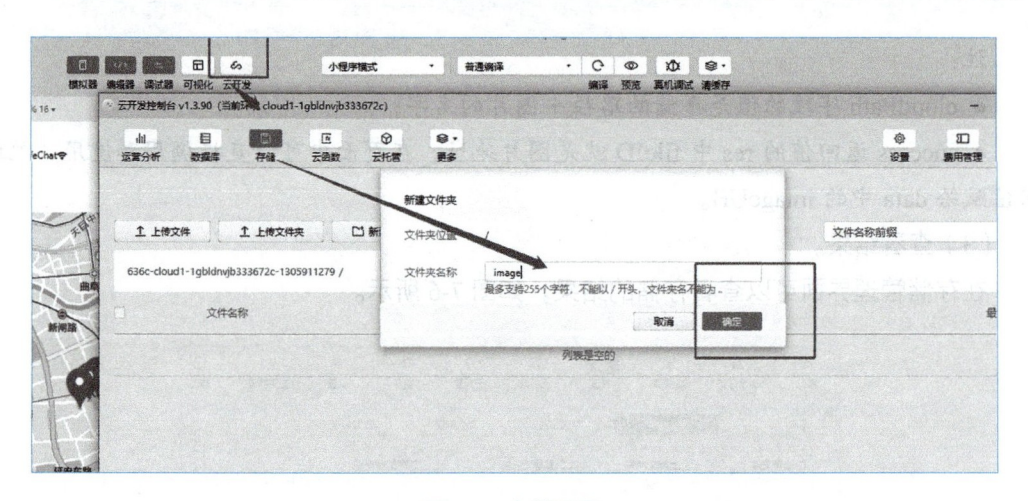

图 7-5　存储设置

（2）根据 API 开发文档调用 wx.cloud.uploadFile，把图片上传到云开发存储中。
实现代码如下：

187

```
chooseImg: function () {
    wx.chooseImage({
      count: 1,
      sourceType: ['album', 'camera'],
      success: function(res) {
        wx.cloud.uploadFile({
          cloudPath: 'shareImage/' + (new Date()).getTime()+'-'+ Math.floor(Math.random() * 1000),
          filePath: res.tempFilePaths[0],
          success: res => {
            console.log(res.fileID)
            this.setData({
              imageUrl:res.fileID
            })
          }
        })
      },
      error: function(){
        app.showToast(' 选择图片出现异常 ')
      }
    })
},
```

注：

● cloudPath 字段的值是存储的路径+图片的名字；

● success 返回值的 res 中 fileID 就是图片地址，在页面中可以直接调用和使用。把返回值赋给 data 中的 imageUrl。

（3）查看结果。

在存储管理界面可以查看存储的结果，如图 7-6 所示。

图 7-6　存储管理界面

## 2. 保存图片地址

为了方便图片的关联和查询，需要把图片地址存放在数据库中，并记录图片信息，方便以后查阅。

1）初始化 db 方法

实现代码如下：

```
const db = wx.cloud.database()
```

需要在 JS 界面顶部进行初始化，只有初始化后才能调用该方法。

2）调用 db 方法插入数据库

实现代码如下：

```
db.collection('userList').add({
   data: {
   userId: '',
   imgUrl: res.fileID,
   phone: ''
   },
   success: function(data) {
    console.log(data)
   }
})
```

注：collection 后面跟的名字，就是要添加数据到该表的名字，在 add 中 data 是要添加的数据，并且该数据每次只能添加一条，success 是添加成功的回调函数。

3）查看插入的数据

在开发者工具的云开发控制台的数据库-记录列表中，能查看添加的数据，如图 7-7 所示。在添加记录时，数据库会默认添加 ID 和 openID 字段，这两个字段不能手动添加，否则会报错。

## 任务 2　制作云函数版朋友圈小程序

### 任务描述

根据需求，先创建云函数，然后使用云函数获取用户信息（如用户 ID 和用户手机

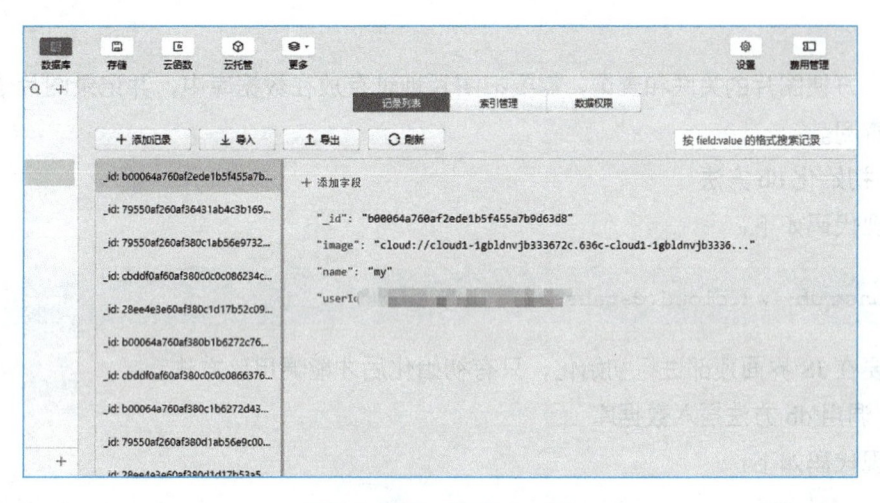

图 7-7　数据库-记录列表

号），对用户上传的图片和用户手机号及用户 ID 进行关联。

## 知识准备

### 1. 云函数基础

1）云函数的概念

云函数是一段运行在云端的代码，无须管理服务器，在开发工具内编写，一键上传部署即可运行后端代码。

小程序内提供了专门用于云函数调用的 API。开发者可以在云函数内使用 wx-server-sdk 提供的 getWXContext 方法获取每次调用的上下文（appID、openID 等），无须维护复杂的鉴权机制，即可获取天然可信任的用户登录状态（openID）。

2）云函数的作用

云开发的云函数的独特优势在于与微信登录鉴权的无缝整合。当小程序端调用云函数时，云函数的传入参数会被注入小程序端用户的 openID，开发者无须校验 openID 的正确性，因为微信已经完成了这部分鉴权，开发者可以直接使用该 openID。

### 2. 云函数的配置

1）project.config.json 文件

新增 cloudfunctionRoot 字段，指定本地已存在的目录作为云开发的本地根目录。

示例如下：

```
{
    "miniprogramRoot": "miniprogram/",
    "cloudfunctionRoot": "cloudfunctions/",
    "setting": {
    "urlCheck": true,
    "es6": true,
    "enhance": true,
    "postcss": true,
    "preloadBackgroundData": false,
    "minified": true,
    "newFeature": true,
    "coverView": true,
    "nodeModules": false,
    "autoAudits": false,
    "showShadowRootInWxmlPanel": true,
    "scopeDataCheck": false,
    "uglifyFileName": false,
    "checkInvalidKey": true,
    "checkSiteMap": true,
    "uploadWithSourceMap": true,
    "compileHotReLoad": false,
    "useMultiFrameRuntime": true,
    "useApiHook": true,
    "useApiHostProcess": true,
    "babelSetting": {
    "ignore": [],
    "disablePlugins": [],
    "outputPath": ""
    },
    "enableEngineNative": false,
    "useIsolateContext": true,
    "useCompilerModule": true,
    "userConfirmedUseCompilerModuleSwitch": false,
    "userConfirmedBundleSwitch": false,
    "packNpmManually": false,
    "packNpmRelationList": [],
    "minifyWXSS": true
    },
}
```

注：
- miniprogramRoot——小程序的开发目录；
- cloudfunctionRoot——云开发的本地开发根目录；
- Setting——开发设置信息。

2）创建云函数

在 cloudfunctions 文件夹下新建子文件夹，用来写云函数，如图 7-8 所示。

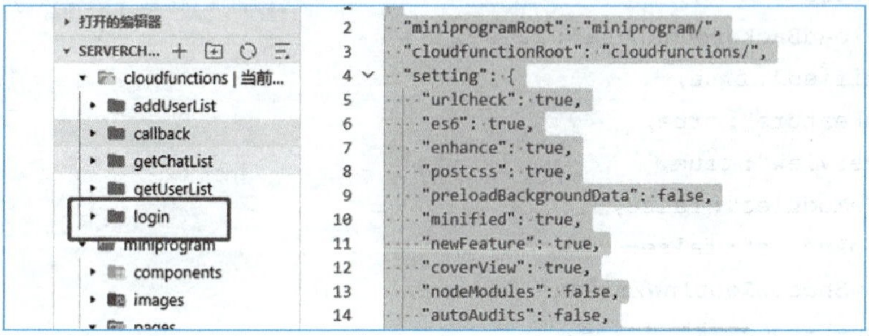

图 7-8 云函数创建界面

3）使用云函数

在创建的云函数文件夹内创建云函数文件，其中 index.js 是入口文件，当云函数被调用时会执行该文件导出的 main 方法。

index.js 代码如下：

```
const cloud = require('wx-server-sdk')
exports.main = async (event, context) => {
  let { userInfo, a, b } = event
  let { OPENID, APPID } = cloud.getWXContext()
  let sum = a + b
  return {
    OPENID,
    APPID,
    sum
  }
}
```

注：
- event——包含了调用端（小程序端）调用该函数时传过来的参数，同时包含了可以通过 getWXContext 方法获取的用户登录状态 openID 和小程序 AppID 信息；

- getWXContext——这里能获取用户的 openID 和小程序 AppID。

4）部署云函数

右键单击文件夹，选择上传并部署命令，如图 7-9 所示。

云函数写完之后一定要进行部署，否则在页面中无法调用。

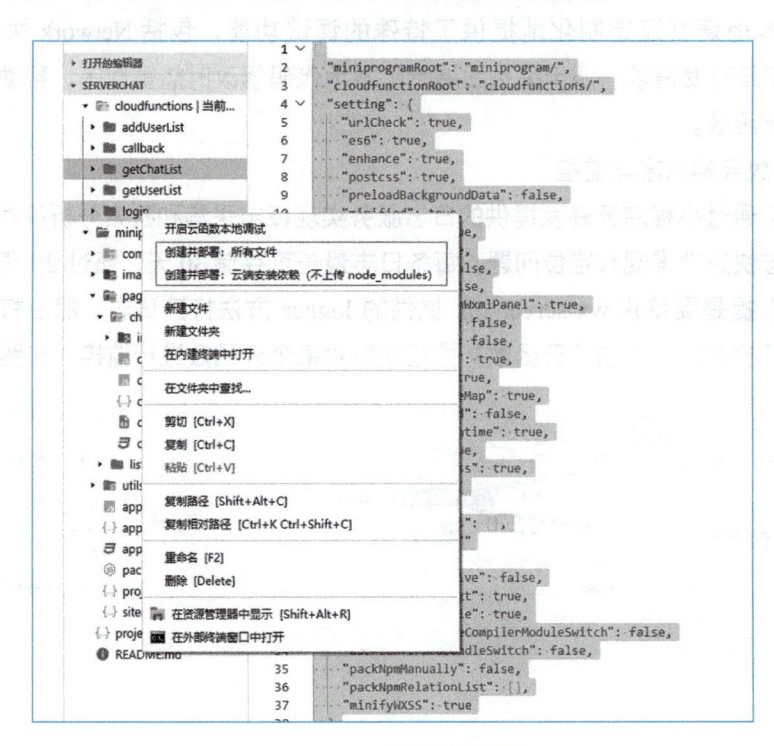

图 7-9 云函数部署选择菜单

3. 云函数调试

1）云函数本地调试流程

云开发提供了云函数本地调试功能，在本地提供了一套与线上一致的 Node.js 云函数运行环境，让开发者可以在本地对云函数进行调试，使用本地调试可以提高开发和调试效率。

（1）单步调试/断点调试。

单步调试/断点调试：比起通过云开发控制台中查看线上日志的方法进行调试，使用本地调试后可以对云函数 Node.js 实例进行单步调试/断点调试。

（2）集成小程序测试。

集成小程序测试是在模拟器中对小程序发起的交互单击等操作，如果触发，则开启了本地调试的云函数，会请求至本地实例而不是云端。

193

（3）优化开发流程，提高开发效率。

调试阶段不需要上传和部署云函数，在调试云函数时，相对于不使用本地调试时的调试流程（本地修改代码→上传部署云函数→调用），省去了上传等待的步骤，改成只需"本地修改→调用"的调试流程，大大提高了开发和调试效率。

同时，本地调试还定制化地提供了特殊的调试功能，包括 Network 面板支持展示 HTTP 请求和云开发请求、调用关系图展示、本地代码修改时热重载等，帮助开发者更好地开发调试云函数。

2）云函数云端日志与监控

开发者可通过小程序云开发提供的日志服务实现日志采集和检索分析等功能，方便开发者通过日志快速地发现和定位问题。每条日志最长可存储 30 天，超过 30 天的日志将被自动清理。前提是要使用 wx-server-sdk 提供的 logger 方法打开日志，然后打开开发者工具中的云开发控制台，单击"云函数"按钮就能对每个云函数进行监控，如图 7-10 所示。

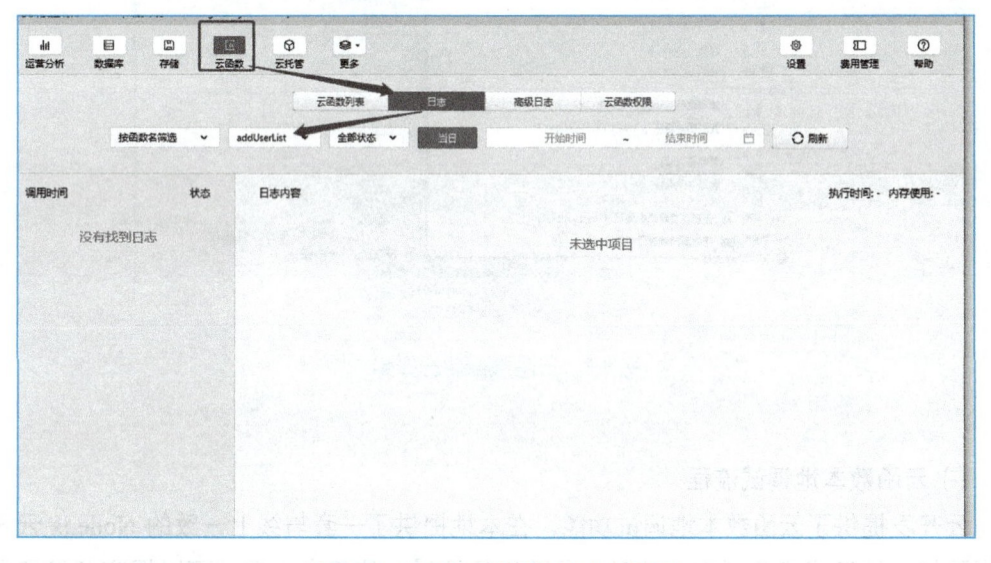

图 7-10 云函数云端日志与监控界面

### 4. 云函数常用 SDK 文档

1）wx-server-sdk

云函数属于管理端，在云函数中运行的代码拥有不受限的数据库读写权限和云文件读写权限。需特别注意，云函数运行环境即是管理端，与云函数中传入的 openID 对应的微信用户是否是小程序的管理员／开发者无关。

在云函数中使用 wx-server-sdk，需在对应云函数目录下安装 wx-server-sdk 依赖，在创建云函数时会在云函数目录下默认新建一个 package.json，并提示用户是否立即本地安装依赖。请注意云函数的运行环境是 Node.js，因此在本地安装依赖时务必保证已安装 Node.js，同时 node 和 npm 都在环境变量中。如不本地安装依赖，可以用命令行在该目录下运行。

示例如下：

```
npm install --save wx-server-sdk@latest
```

在云函数中调用其他 API 前，同小程序端一样，也需要执行一次初始化方法。

示例如下：

```
const cloud = require('wx-server-sdk')
// 给定字符串环境 ID：接下来的 API 调用都将请求到环境 some-env-id
cloud.init({
    env: 'some-env-id'
})
```

或

```
const cloud = require('wx-server-sdk')
// 给定 DYNAMIC_CURRENT_ENV 常量：接下来的 API 调用都将请求到与该云函数当前所在环境相同的环境
// 请安装 wx-server-sdk v1.1.0 或以上版本以使用该常量
cloud.init({
  env: cloud.DYNAMIC_CURRENT_ENV
})
```

wx-server-sdk 与小程序端的云 API 以同样的风格提供了数据库、存储和云函数的 API。

（1）调用数据库数据。

假设在数据库中已有一个 todos 集合，获取 todos 集合的数据。

示例如下：

```
const cloud = require('wx-server-sdk')

cloud.init({
  env: cloud.DYNAMIC_CURRENT_ENV
})

const db = cloud.database()
```

```
exports.main = async (event, context) => {
  // collection 上的 get 方法会返回一个 Promise，因此云函数会在数据库异步取完数据
  后返回结果
  return db.collection('todos').get()
}
```

（2）调用存储。

假设我们要上传在云函数目录中包含的一个图片文件（demo.jpg）。

实现代码如下：

```
const cloud = require('wx-server-sdk')
const fs = require('fs')
const path = require('path')

cloud.init({
  env: cloud.DYNAMIC_CURRENT_ENV
})

exports.main = async (event, context) => {
  const fileStream = fs.createReadStream(path.join(__dirname, 'demo.jpg'))
  return await cloud.uploadFile({
    cloudPath: 'demo.jpg',
    fileContent: fileStream,
  })
}
```

注：在云函数中，__dirname 的值是云端云函数代码所在目录。

（3）调用其他云函数。

假设要在云函数中调用另一个云函数 sum 并返回 sum 的返回结果。

示例如下：

```
const cloud = require('wx-server-sdk')

cloud.init({
  env: cloud.DYNAMIC_CURRENT_ENV
})

exports.main = async (event, context) => {
  return await cloud.callFunction({
```

```
    name: 'sum',
    data: {
      x: 1,
      y: 2,
    }
  })
}
```

2）cloud.callFunction

cloud.callFunction 是调用云函数的方法，它的属性及描述如表 7-6 所示。返回值 Promise.<Object> 的属性及描述如表 7-7 所示。

**表 7-6　cloud.callFunction 的属性及描述**

| 属性 | 类型 | 默认值 | 必填 | 描述 |
| --- | --- | --- | --- | --- |
| name | string |  | 是 | 云函数名 |
| data | Object |  | 否 | 传递给云函数的参数，在云函数中可通过 event 参数获取 |
| config | Object |  | 否 | 配置 |

**表 7-7　返回值 Promise.<Object> 的属性及描述**

| 属性 | 类型 | 描述 |
| --- | --- | --- |
| result | any | 云函数返回的结果 |
| requestID | string | 云函数执行 ID，可用于日志查询 |

（1）小程序端调用云函数。

小程序端同时支持 Callback 风格调用和 Promise 风格调用。

示例 1：Callback 风格调用示例如下。

```
wx.cloud.callFunction({
  // 要调用的云函数名称
  name: 'add',
  // 传递给云函数的参数
  data: {
    x: 1,
    y: 2,
```

```
  },
  success: res => {
    // output: res.result === 3
  },
  fail: err => {
    // handle error
  },
  complete: () => {
    // ...
  }
})
```

示例2：Promise 风格调用示例如下。

```
wx.cloud.callFunction({
  name: 'add',
  data: {
    x: 1,
    y: 2,
  }
}).then(res => {
  // output: res.result === 3
}).catch(err => {
  // handle error
})
```

（2）在云函数端任意云函数发起对云函数 **add** 的调用。

示例如下：

```
const cloud = require('wx-server-sdk')
cloud.init({
  env: cloud.DYNAMIC_CURRENT_ENV
})

exports.main = async (event, context) => {
  const res = await cloud.callFunction({
    // 要调用的云函数名称
    name: 'add',
    // 传递给云函数的参数
    data: {
```

```
        x: 1,
        y: 2,
      }
    })
    return res.result
}
```

3）cloud.getWXContent

cloud.getWXContent 用于在云函数中获取微信调用上下文。它的返回值属性及描述如表 7-8 所示。

表 7-8  cloud.getWXContent 的返回值属性及描述

| 属性 | 类型 | 描述 |
| --- | --- | --- |
| OPENID | string | 小程序用户 openID，小程序端调用云函数时有 |
| APPID | string | 小程序 AppID，小程序端调用云函数时有 |
| UNIONID | string | 小程序用户 unionID，小程序端调用云函数，并且满足 unionID 获取条件时有 |
| FROM_OPENID | string | 调用来源方小程序 / 公众号用户 openID，跨账号调用时有 |
| FROM_APPID | string | 调用来源方小程序 / 公众号 AppID，跨账号调用时有 |
| FROM_UNIONID | string | 调用来源方用户 unionID，跨账号调用时有，并且满足 unionID 获取条件时有 |
| ENV | string | 云函数所在环境的 ID |
| SOURCE | string | 调用来源（云函数本次运行是被什么触发） |
| CLIENTIP | string | 小程序客户端 IPv4 地址 |
| CLIENTIPV6 | string | 小程序客户端 IPv6 地址 |
| OPEN_DATA_INFO | string | 当通过云函数获取开放数据时，可用此校验参数中的开放数据是否来自微信后台 |

注：请不要在 exports.main 外使用 getWXContext，此时尚没有调用上下文，无法获取信息。

示例如下：

```
const cloud = require('wx-server-sdk')
exports.main = async (event, context) => {
  const {
    OPENID,
    APPID,
    UNIONID,
    ENV,
  } = cloud.getWXContext()
  return {
    OPENID,
    APPID,
    UNIONID,
    ENV,
  }
}
```

4）cloud.CloudID

cloud.CloudID 声明字符串为 CloudID（开放数据 ID），该接口传入一个字符串，返回一个 CloudID 特殊对象，将该对象传至云函数可以获取其对应的开放数据。简单来讲就是对数据的加密传输。

小程序端调用示例如下：

```
wx.cloud.callFunction({
  name: 'myFunction',
  data: {
    weRunData: wx.cloud.CloudID('xxx'),
    obj: {
      shareInfo: wx.cloud.CloudID('yyy'), //
    }
  }
}))
```

注：非顶层字段的 CloudID 不会被替换，会原样展示字符串，意思就是 weRunData 传到云函数的时候会被替换；而 shareInfo 是非顶层字段，就不会被替换，会原样展示字符串。

在云函数端接收到的 event 包含对应开放数据的对象，其中 event.weRunData 会因为符合规则而包含开放数据，event.shareInfo 则不会。

event 结构如下：

```json
{
"weRunData": {
"cloudID": "27_Ih-9vxDaOhIbh48Bdpk90DUkUoNMAPaNtg7OSGM-P2wPEk1NbspjKGoql_g",
"data": {
"stepInfoList": [
    {
"step": 9103,
"timestamp": 1571673600
    },
    {
"step": 9783,
"timestamp": 1571760000
    }
  ],
"watermark": {
"appid": "wx3d289323f5900f8e",
"timestamp": 1574338655
    }
  },
"obj": {
"shareInfo": "xxx"
  }
}
```

### 任务实施

**1. 云函数创建**

在创建云函数的时候，一般会直接生成三个文件，分别是 index.js、config.json 和 package.json 文件。

一般，用 package.json（配置文件）创建文件时，开发者工具都会自动设置好，但如果是用户需要修改文件名字，一定要对配置文件的 name 也进行修改，这样才能在云函数内找到这个方法。

1）出口文件 index.js

登录的 index.js 文件是同于返回登录者用户信息的文件。

实现代码如下：

```
const cloud = require('wx-server-sdk')
// cloud.init: 初始化 cloud
cloud.init({
  env: cloud.DYNAMIC_CURRENT_ENV
})
const db = cloud.database()
exports.main = async (event, context) => {
  const wxContext = cloud.getWXContext()
  try {
    return db.collection('user').where({
      userId: wxContext.OPENID
    }).get().then(res => {
      if (!res.data.length) {
        db.collection('user').add({
          data:{
            _openid: wxContext.OPENID,
// userId:wxContext.OPENID 查询当前用户信息，if (!res.data.length) 如果数据为空就添加用户信息
            userId: wxContext.OPENID
          }
        })
        return { _openid: wxContext.OPENID }
      }
      return res.data[0]
    })
  }catch (e) {
    return e
  }
}
```

注：一定要先调用初始化 init，再使用 cloud.database，方便调用。在 exports.main 内，一定要把数据返回。

2）页面调用登录云函数（用页面的 index.js 文件进行调用）

在调用云函数的时候，要先进行初始化，然后通过 wx.cloud. callFunction 方法调用云函数，参数 name 的值是所调用云函数的名字（类似和后端交互时调用接口 API 的名字），参数 data 是调用云函数要传输的参数，在云函数中用 event 来接收，参数 success 是调用

云函数成功后的返回值。

实现代码如下：

```
wx.cloud.init()
Page({
onShow: function () {
// wx.cloud.callFunction 是调用云函数的方法
  wx.cloud.callFunction({
    name: 'login', // 调用云函数的名字
    data: {}, // 调用云函数需要传输的参数，在云函数中用 event 进行接收
    success: res => {
      console.log('[云函数] [login] user openid: ', res)
      This.globalData.openId = res.result._openid
      This.globalData.id = res.result._id
      console.log(that)
    },
    fail: err => {
      console.error('[云函数] [login] 调用失败 ', err)
    }
  })
})
```

注：在调用云函数之前，一定要先上传并部署云函数。

**2. 云函数操作数据库**

1）创建云函数

在 cloudfunctions 文件夹中创建一个云函数文件。因为要操作数据库，所以要初始化 DB，根据需求设置参数操作数据库。

实现代码如下：

```
const cloud = require('wx-server-sdk')
cloud.init()
const db = cloud.database() // 初始化 DB
exports.main = async (event, context) => {
  const wxContext = cloud.getWXContext()
  try {
    return await db.collection('userList').add({
```

```
        data: {
          imgUrl: event.filePath,
          userId: wxContext.OPENID
        }
      })
  } catch(e) {
    console.log(e)
  }
}
```

注：UserId 可以直接通过 cloud.getWXContext () 方法获取。

2）前端调用

页面 JS 可以通过云函数名调用并传入上传的图片地址，通过云函数把图片地址存储在数据库中。

把操作数据库写到云函数中的目的是让页面只处理数据和渲染数据，云函数是为了处理数据和存储数据，还可以在不同的页面对相同的功能进行调用，也可以突破表的权限控制及实现更多的功能。

实现代码如下：

```
wx.cloud.callFunction({
  name: 'updataUserList',
  data: {
    filePath: res.fileID,
      phone: ''
  },
  success: res => {
        console.log(res)
    console.log('提交成功')
  }
})
```

3）调试结果

在页面中打印调用结果日志的时候，在控制台上就能看到云函数的返回值，如图 7-11 所示。

图 7-11 云函数的返回值显示

4)数据库结果

操作页面,上传图片,在云开发控制台"数据库"界面中看到新增一条数据,如图 7-12 所示。

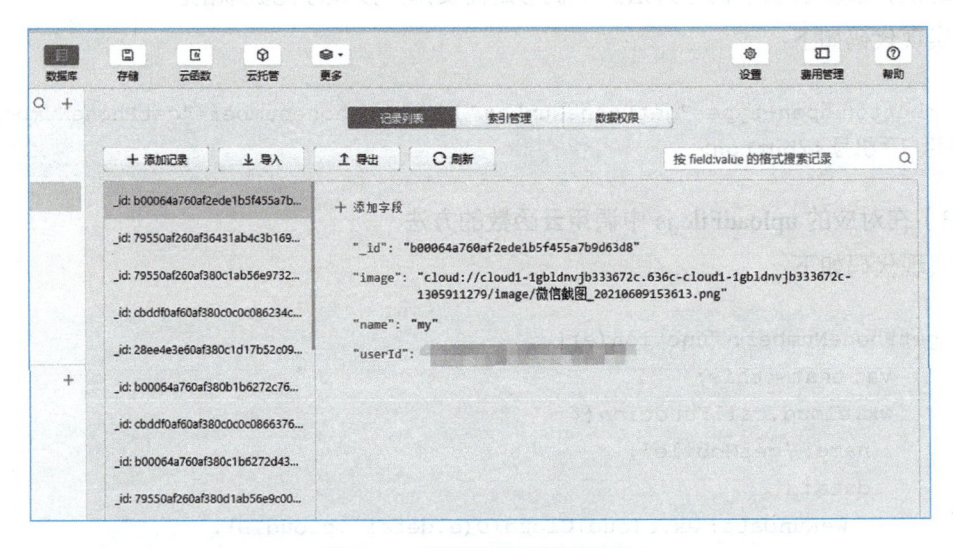

图 7-12 数据库新增数据显示

### 3. 获取用户手机号

1)创建云函数

在 cloudfunctions 文件夹下创建 gitUserPhone 云函数,用来获取用户手机号。对于获取用户手机功能,云函数的主要作用是对参数进行解析,然后进行返回,这样可以有效避免用户信息泄露。

实现代码如下:

```
const cloud = require('wx-server-sdk')
cloud.init()
exports.main = async (event, context) => {
    var moblie = event.weRunData.data.phoneNumber;
return moblie
}
```

注：云函数通过 event.weRunData.data.phoneNumber 方法把用户的手机号解析出来，这是云函数独有的功能。在页面中是无法通过这个方法解析出来的，这样也保障了用户的信息安全。

2）添加获取手机号的按钮

在图片上传页面 uploadFile.wxml 内添加一个 button 按钮，设置 open-type="getPhoneNumber"，并设置 bindgetphonenumber 方法。该方法是当用户单击获取手机号按钮的时候，触发获取手机号方法。手机号是需要用户授权才能获取的。

实现代码如下：

```
<button open-type="getPhoneNumber" bindgetphonenumber="getPhoneNumber">
获取用户手机号 </button>
```

3）在对应的 uploadFile.js 中调用云函数的方法

实现代码如下：

```
getPhoneNumber: function(e){
    var that = this;
    wx.cloud.callFunction({
      name: 'getMobile',
      data: {
        weRunData: wx.cloud.CloudID(e.detail.cloudID),
      }
    }).then(res => {
      console.log(res)
      that.setData({
        mobile: res.result,
      })
    }).catch(err => {
      console.error(err);
    });
},
```

### 4）获取用户手机号

获得当前用户的手机号，将手机号存储到数据库中，对图片和用户手机号进行关联。页面 js 打印日志如图 7-13 所示。

图 7-13 页面 js 打印日志

### 5）uploadFile.js 整体代码

实现代码如下：

```
// 获取应用实例
const app = getApp()
const db = wx.cloud.database() // 初始化 DB

Page({
  data: {
    imageUrl: '',
    openid: '', // 用户的 ID
    mobile: '' // 用户手机号
  },
  onLoad: function(){
    var that = this
    wx.cloud.callFunction({
      name: 'login',
      data: {}, // 上传参数
      success: res => {
        console.log('[云函数] [login] user openid: ', res)
        that.setData({
          openid: res.result.openid
        })
      },
      fail: err => {
```

```
            console.error('[云函数][login] 调用失败', err)
        }
    })
},
getPhoneNumber: function(e) {
    var that = this;
    wx.cloud.callFunction({
        name: 'getMobile',
        data: {
            weRunData: wx.cloud.CloudID(e.detail.cloudID),
        }
    }).then(res => {
        console.log(res)
        that.setData({
            mobile: res.result,
        })
    }).catch(err => {
        console.error(err);
    });
},
chooseImg: function () {
    var that = this
    wx.chooseImage({
        count: 1,
        sourceType: ['album', 'camera'],
        success: function(chooseres) {
            wx.cloud.uploadFile({
                cloudPath: 'shareImg/' + new Date().getTime() +"-"+ Math.floor(Math.random() * 1000) , // 上传至云端的路径
                filePath: chooseres.tempFilePaths[0], // 小程序临时文件路径
                success: res => {
                    console.log(res, '上传成功')
                    wx.cloud.callFunction({
                        name: 'updataUserList', // 调用云函数的名字
                        data: {
                            filePath: res.fileID,
                            phone: this.data.mobile
                        },
                        success: res => {
```

```
                console.log('success', res)
              }
            })
          },
          fail: console.error
        })
      },
      error: function(){
        app.showToast('选择图片出现异常')
      }
    })
  },
})
```

4. 云函数的调试

1）本地调试云函数

（1）通过开发者工具的工具栏打开云开发控制台，单击"云函数"，单击需要调试的云函数操作列的本地调试，如图 7-14 所示。

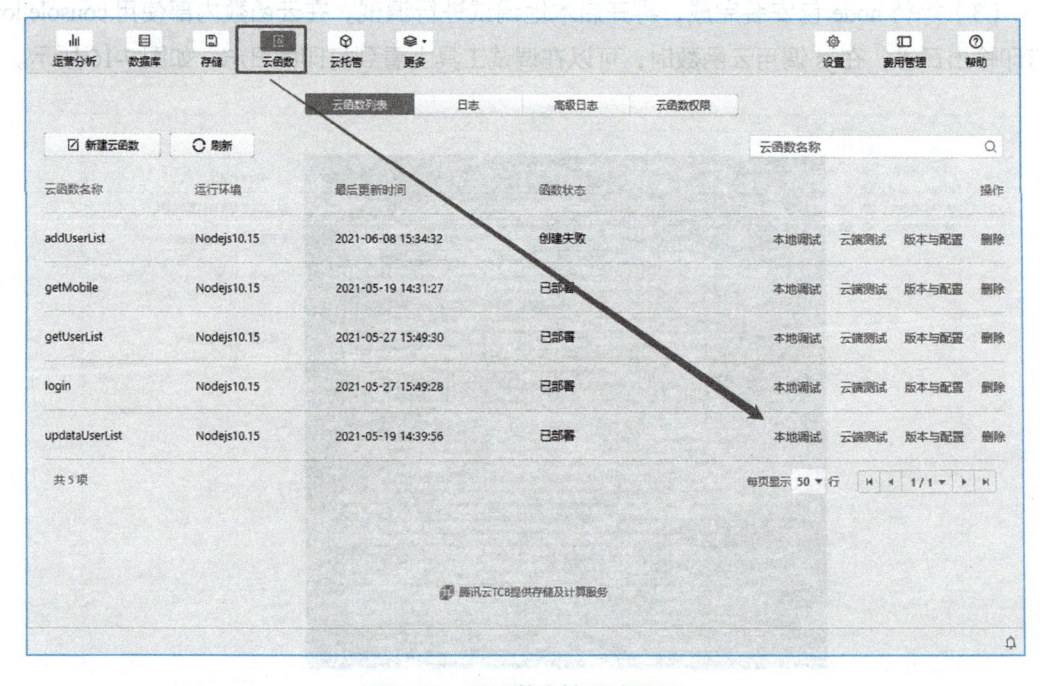

图 7-14　云函数本地调试界面

（2）弹出调试框，在左边选择函数名，在右边勾选"开启本地调试"复选框，安装 node 包，单击"确定"按钮，如图 7-15 所示。

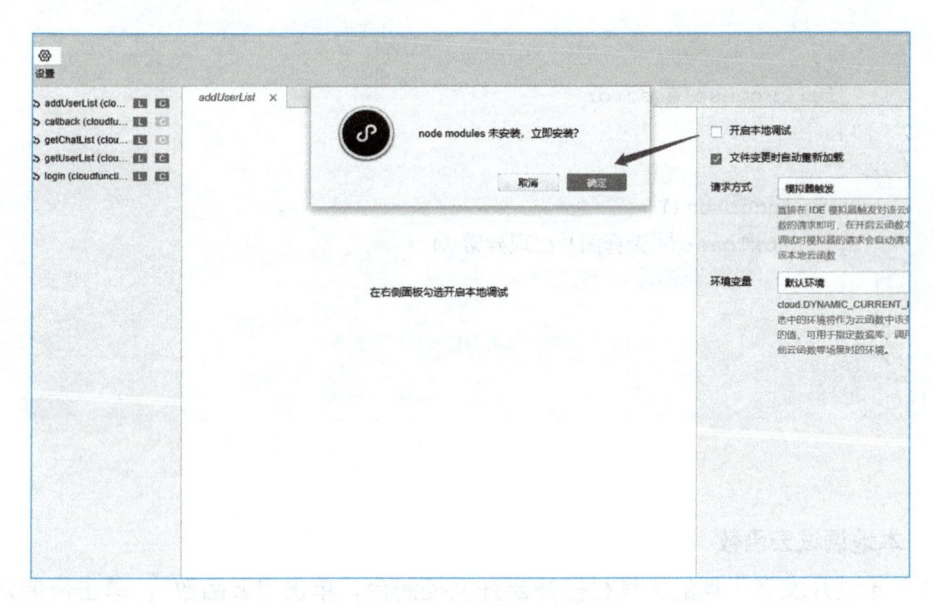

图 7-15　安装 node 包

（3）等待 node 包安装完成，再开启本地调试进行调试。在云函数内部使用 console.log 打印输出日志，在 js 调用云函数时，可以在调试工具上看到打印的日志，如图 7-16 所示。

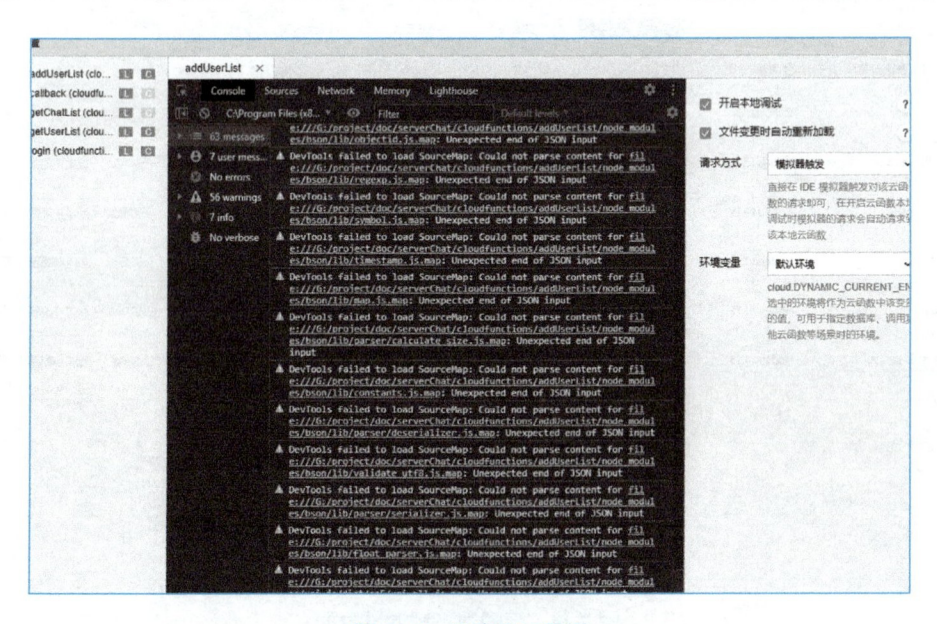

图 7-16　日志显示界面

项目7 制作云数据库版和云函数版朋友圈小程序

2）云函数监控

通过开发者工具中打开云开发控制台，单击"运营分析"并选择"监控图表"，选择"云函数监控"，查看云函数的运行情况。该内容是针对某个云函数进行分析的，查看调用次数、错误次数及云函数的资源使用情况等。云函数监控主要用于监控云函数的运行是否正常，以及异常报警设置，其界面如图 7-17 所示。

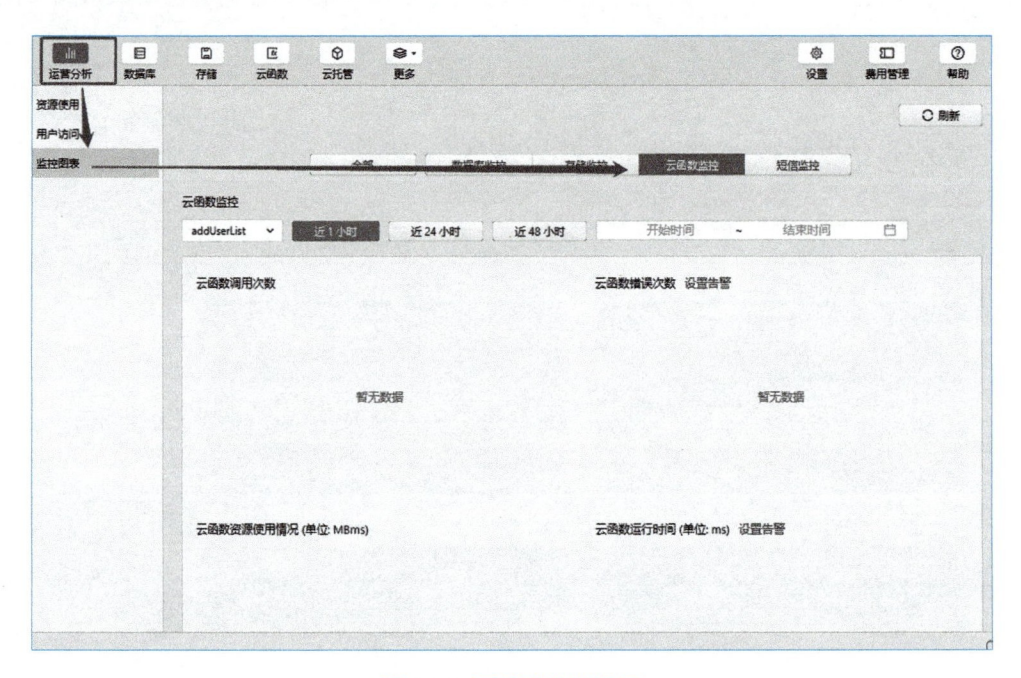

图 7-17　云函数监控界面

### 任务拓展

1. 根据数据库和存储的 API，通过其 API 对数据库和存储进行增、删、改、查功能的处理操作；

2. 利用数据库的增、删、改、查方法，把用户的电话号码绑定到该用户上传的图片中，并通过其他 API 丰富小程序的内容和功能，完善小程序业务流。

211

# 项目 8

## 制作音乐播放器

项目教学PPT

## 项目情景

本项目通过开发音乐播放器，介绍 CSS 动画的使用规则、媒体 API 的使用方法，提升小程序各种 API 使用的准确性，从而掌握小程序开发的基本思路。

## 项目分析

使用小程序的音频组件及其 API 开发一套音乐播放器，其功能包括以下几个。

（1）音乐播放列表，让用户可选择需要播放的音乐；

（2）音乐播放页面，在音乐播放过程中实现快进或者后退功能，并且具备播放上一首和下一首的选择功能。

音乐播放器界面如图 8-1 所示。

图 8-1　音乐播放器界面

# 项目8　制作音乐播放器

## 学习目标

### （一）知识目标

（1）掌握小程序媒体组件的使用方法；

（2）掌握小程序 createInnerAudioContext、getBackgroundAudioManager 等媒体 API 的使用方法；

（3）掌握 CSS 动画的使用方法。

### （二）技能目标

（1）能够运用 CSS 动画开发带有动画效果的小程序；

（2）能够运用媒体 API 结合媒体组件开发带有音频、视频等功能的小程序。

### （三）素质目标

（1）具备调用音频、视频 API 开发小程序的规范意识；

（2）具备使用 CSS 动画设计带有动画效果小程序的能力。

## 知识准备

### 1. 媒体组件——audio

微信小程序提供了播放音频的 APIwx.createInnerAudioContext，用于创建内部 audio 组件的 InnerAudioContext 对象。

audio 组件的属性及描述如表 8-1 所示。InnerAudioContext 的方法及描述如表 8-2 所示。audio 组件支持的格式如表 8-3 所示。

表 8-1　audio 组件的属性及描述

| 属性 | 类型 | 默认值 | 描述 |
| --- | --- | --- | --- |
| src | string |  | 音频资源的地址，用于直接播放。从基础库 2.2.3 开始支持云文件 ID |
| startTime | number | 0 | 开始播放的位置（单位：s） |

215

续表

| 属性 | 类型 | 默认值 | 描述 |
| --- | --- | --- | --- |
| autoplay | boolean | false | 是否自动开始播放 |
| loop | boolean | false | 是否循环播放 |
| obeyMuteSwitch | boolean | true | 当此参数为 false 时，即使用户打开了静音开关，也能继续发出声音。从基础库 2.3.0 版本开始此参数不生效，使用 wx.setInnerAudioOption 接口统一设置 |
| volume | number | 1 | 音量，取值范围为 0~1。从基础库 1.9.90 开始支持，低版本需做兼容处理 |
| playbackRate | number | 1 | 播放速度，取值范围 0.5~2.0。从基础库 2.11.0 开始支持，低版本需做兼容处理 |
| duration | number | | 当前音频的长度（单位为 s）。只有在当前有合法的 src 时返回（只读） |
| currentTime | number | | 当前音频的播放位置（单位为 s）。只有在当前有合法的 src 时返回，时间保留小数点后 6 位（只读） |
| paused | boolean | | 当前是否暂停或停止状态（只读） |
| buffered | number | | 音频缓冲的时间点，仅保证当前播放时间点到此时间点的内容已缓冲（只读） |

表 8-2　InnerAudioContext 的方法及描述

| 方法 | 参数 | 描述 |
| --- | --- | --- |
| play () | | 播放 |
| pause () | | 暂停。暂停后的音频再播放会从暂停处开始播放 |
| stop () | | 停止。停止后的音频再播放会从头开始播放 |
| seek (number position) | number | 跳转到指定位置 |
| destroy () | | 销毁当前实例 |
| onCanplay (function callback) | function | 监听音频进入可以播放状态的事件。但不保证后面可以流畅播放 |
| offCanplay (function callback) | function | 取消监听音频进入可以播放状态的事件 |
| onPlay (function callback) | function | 监听音频播放事件 |

续表

| 方法 | 参数 | 描述 |
|---|---|---|
| offPlay (function callback) | function | 取消监听音频播放事件 |
| onPause (function callback) | function | 监听音频暂停事件 |
| offPause (function callback) | function | 取消监听音频暂停事件 |
| onStop (function callback) | function | 监听音频停止事件 |
| offStop (function callback) | function | 取消监听音频停止事件 |
| onEnded (function callback) | function | 监听音频自然播放至结束的事件 |
| offEnded (function callback) | function | 取消监听音频自然播放至结束的事件 |
| onTimeUpdate (function callback) | function | 监听音频播放进度更新事件 |
| offTimeUpdate (function callback) | function | 取消监听音频播放进度更新事件 |
| onError (function callback) | function | 监听音频播放错误事件 |
| offError (function callback) | function | 取消监听音频播放错误事件 |
| onWaiting (function callback) | function | 监听音频加载中事件。当音频因为数据不足需要停下来加载时会触发 |
| offWaiting (function callback) | function | 取消监听音频加载中事件 |
| onSeeking (function callback) | function | 监听音频进行跳转操作的事件 |
| offSeeking (function callback) | function | 取消监听音频进行跳转操作的事件 |
| onSeeked (function callback) | function | 监听音频完成跳转操作的事件 |
| offSeeked (function callback) | function | 取消监听音频完成跳转操作的事件 |

表 8-3　audio 组件支持的格式

| 格式 | iOS | Android |
|---|---|---|
| flac | × | √ |
| m4a | √ | √ |
| ogg | × | √ |
| ape | × | √ |
| amr | × | √ |
| wma | × | √ |

续表

| 格式 | iOS | Android |
|---|---|---|
| wav | √ | √ |
| mp3 | √ | √ |
| mp4 | × | √ |
| aac | √ | √ |
| aiff | √ | × |
| caf | √ | × |

示例如下:

```
const innerAudioContext = wx.createInnerAudioContext()
innerAudioContext.autoplay = true
innerAudioContext.src= 'http://ws.stream.qqmusic.qq.com/
M500001VfvsJ21xFqb.mp3?guid=ffffffff82def4af4b12b3cd9337d5e7&uin=34689722
0&vkey=6292F51E1E384E061FF02C31F716658E5C81F5594D561F2E88B854E81CAAB7806D
5E4F103E55D33C16F3FAC506D1AB172DE8600B37E43FAD&fromtag=46'
innerAudioContext.play()
innerAudioContext.onPlay(() => {
  console.log('开始播放')
})
innerAudioContext.onError((res) => {
  console.log(res.errMsg)
  console.log(res.errCode)
})
```

### 2. slider 组件

slider 组件是小程序的一种表单组件,用于滑动选择某个值,本项目中用 slider 组件实现播放器的进度条,slider 组件的属性及描述如表 8-4 所示。

表 8-4  slider 组件的属性及描述

| 属性 | 类型 | 默认值 | 必填 | 描述 | 最低版本 |
|---|---|---|---|---|---|
| min | number | 0 | 否 | 最小值 | 基础库 1.0.0 |
| max | number | 100 | 否 | 最大值 | 基础库 1.0.0 |
| step | number | 1 | 否 | 步长,取值必须大于 0,并且可被 (max - min) 整除 | 基础库 1.0.0 |

续表

| 属性 | 类型 | 默认值 | 必填 | 描述 | 最低版本 |
|---|---|---|---|---|---|
| disabled | boolean | false | 否 | 是否禁用 | 基础库 1.0.0 |
| value | number | 0 | 否 | 当前取值 | 基础库 1.0.0 |
| color | color | #e9e9e9 | 否 | 背景条的颜色（请使用 backgroundColor） | 基础库 1.0.0 |
| selected-color | color | #1aad19 | 否 | 已选择的颜色（请使用 activeColor） | 基础库 1.0.0 |
| activeColor | color | #1aad19 | 否 | 已选择的颜色 | 基础库 1.0.0 |
| backgroundColor | color | #e9e9e9 | 否 | 背景条的颜色 | 基础库 1.0.0 |
| block-size | number | 28 | 否 | 滑块的大小，取值范围为 12～28 | 基础库 1.9.0 |
| block-color | color | #ffffff | 否 | 滑块的颜色 | 基础库 1.9.0 |
| show-value | boolean | FALSE | 否 | 是否显示当前 value | 基础库 1.0.0 |
| bindchange | eventhandle |  | 否 | 完成一次拖动后触发的事件，event.detail = {value} | 基础库 1.0.0 |
| bindchanging | eventhandle |  | 否 | 拖动过程中触发的事件，event.detail = {value} | 基础库 1.7.0 |

示例如下：

```
//WXML 代码
<slider bindchange="sliderchange" step="5"/>

//JS 代码
sliderchange: function(e){
console.log(e.detail.value)
}
```

### 3. 音频 API——getBackgroundAudioManager

getBackgroundAudioManager 是用来获取全局唯一的背景音频管理器的。

小程序切入后台，如果音频处于播放状态，可以继续播放。但是后台状态不能通过调用 API 操纵音频的播放状态。从微信客户端 6.7.2 版本开始，若需要在小程序切入后台后继续播放音频，需要在 app.json 中配置 requiredBackgroundModes 属性。在开发版和体验版中可以直接生效，正式版还需通过审核。

getBackgroundAudioManager 返回值为 BackgroundAudioManager。Background Audio Manager 实例可通过 wx.getBackgroundAudioManager 获取。

getBackgroundAudioManager 的属性及描述如表 8-5 所示。BackgroundAudioManager 方法及描述如表 8-6 所示。

表 8-5　getBackgroundAudioManager 的属性及描述

| 属性 | 类型 | 默认值 | 说明 |
| --- | --- | --- | --- |
| src | string | | 音频的数据源（从基础库 2.2.3 开始支持云文件 ID）。默认为空字符串，当设置了新的 src 时，会自动开始播放，目前支持的格式有 m4a、aac、mp3、wav |
| startTime | number | 0 | 开始播放的时间（单位为 s） |
| title | string | | 音频标题，用于原生音频播放器音频标题（必填）。原生音频播放器中的分享功能，分享出去的卡片标题也将使用该值 |
| epname | string | | 专辑名，原生音频播放器中的分享功能，分享出去的卡片简介也将使用该值 |
| singer | string | | 歌手名，原生音频播放器中的分享功能，分享出去的卡片简介也将使用该值 |
| coverImgUrl | string | | 封面图 URL，用作原生音频播放器背景图。原生音频播放器中的分享功能，分享出去的卡片配图及背景也将使用该图 |
| webUrl | string | | 页面链接，原生音频播放器中的分享功能，分享出去的卡片简介也将使用该值 |
| protocol | string | | 音频协议。默认值为 http，设置 hls 可以支持播放 HLS 协议的直播音频 |
| playbackRate | number | 1 | 播放速度，取值范围为 0.5~2.0。从基础库 2.11.0 开始支持，低版本需做兼容处理 |
| duration | number | | 当前音频的长度（单位为 s），只有在当前有合法的 src 时返回（只读） |
| currentTime | number | | 当前音频的播放位置（单位为 s），只有在当前有合法的 src 时返回，时间保留小数点后 6 位（只读） |
| paused | boolean | | 当前是否是暂停或停止状态（只读） |
| buffered | number | | 音频缓冲的时间点，仅保证当前播放时间点到此时间点内容已缓冲（只读） |

项目8 制作音乐播放器

表 8-6 BackgroundAudioManager 的方法及描述

| 方法 | 参数 | 说明 |
| --- | --- | --- |
| play () | | 播放 |
| pause () | | 暂停。暂停后的音频再播放会从暂停处开始播放 |
| stop () | | 停止。停止后的音频再播放会从头开始播放 |
| seek (number position) | number | 跳转到指定位置 |
| destroy () | | 销毁当前实例 |
| onCanplay (function callback) | function | 监听音频进入可以播放状态的事件,但不保证后面可以流畅播放 |
| onWaiting (function callback) | function | 监听音频加载中事件,当音频因为数据不足需要停下来加载时会触发 |
| onPlay (function callback) | function | 监听音频播放事件 |
| onPause (function callback) | function | 监听音频暂停事件 |
| onError (function callback) | function | 监听音频播放错误事件 |
| onSeeking (function callback) | function | 监听背景音频开始跳转操作事件 |
| onSeeked (function callback) | function | 监听背景音频完成跳转操作事件 |
| onEnded (function callback) | function | 监听背景音频自然播放结束事件 |
| onStop (function callback) | function | 监听背景音频停止事件 |
| onTimeUpdate (function callback) | function | 监听背景音频播放进度更新事件,只有小程序在前台时会回调 |
| onNext (function callback) | function | 监听用户在系统音乐播放面板单击下一曲事件(仅iOS) |
| onPrev (function callback) | function | 监听用户在系统音乐播放面板单击上一曲事件(仅iOS) |

示例如下:

```
const backgroundAudioManager = wx.getBackgroundAudioManager ()
backgroundAudioManager.title = '此时此刻'
backgroundAudioManager.epname = '此时此刻'
backgroundAudioManager.singer = '许巍'
backgroundAudioManager.coverImgUrl = 'http://y.gtimg.cn/music/photo_new/T002R300x300M000003rsKF44GyaSk.jpg?max_age=2592000'
```

221

```
backgroundAudioManager.src = 'http://ws.stream.qqmusic.qq.com/
M500001VfvsJ21xFqb.mp3?guid=ffffffff82def4af4b12b3cd9337d5e7&uin=34689722
0&vkey=6292F51E1E384E061FF02C31F716658E5C81F5594D561F2E88B854E81CAAB7806D
5E4F103E55D33C16F3FAC506D1AB172DE8600B37E43FAD&fromtag=46'
```

## 项目实践

### 1. 创建项目和初始化项目

项目操作视频

在微信开发者工具中生成初始项目，创建一个 play 文件夹，在 play 文件夹内创建 Page 文件。清空 index 文件夹内各个文件的内容，配置 app.json。在 utils 文件夹下创建 data.js 文件，用来存储列表数据。初始化项目界面如图 8-2 所示。

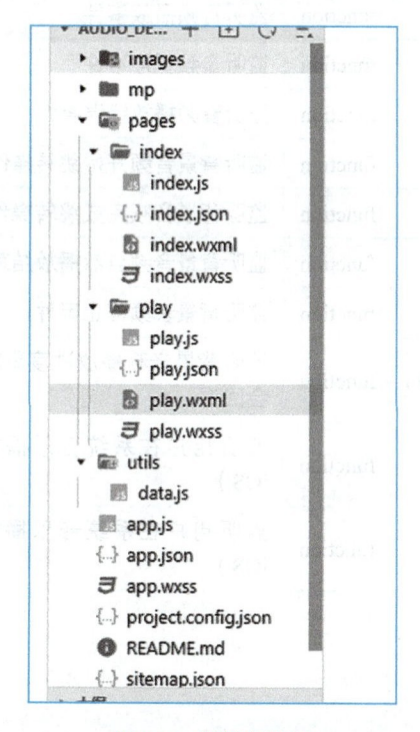

图 8-2 初始化项目

对应下载图片和 mp3 格式的文件，将图片放到 images 文件夹内，将 mp3 放到 mp 文件夹内，对应写入 data.js 内。

实现代码如下：

```
export default [{
    src: '/mp/浪漫爱.mp3',
    poster: '../../images/1.jpg',
    name: '浪漫爱',
    author: '江语晨',
    Album: '晴天娃娃',
},
{
    src: '/mp/胆小鬼.mp3',
    poster: '../../images/2.jpg',
    name: '胆小鬼',
    author: '梁咏琪',
    Album: '最爱梁咏琪',
},
{
    src: '/mp/我的未来不是梦.mp3',
    poster: '../../images/3.jpg',
    name: '我的未来不是梦',
    author: '张雨生',
    Album: '自由歌',
},
{
    src: '/mp/爱.mp3',
    poster: '../../images/4.jpg',
    name: '爱',
    author: "小虎队",
    Album: '辉煌战绩',
},
{
    src: '/mp/十七岁的雨季.mp3',
    poster: '../../images/5.jpg',
    name: '十七岁的雨季',
    author: "林志颖",
    Album: '最动听的',
},
{
    src: '/mp/BBIBBI.mp3',
    poster: '../../images/6.jpg',
    name: 'BBIBBI',
```

```
            author:"李知恩",
            Album: 'BBIBBI',
        },
        {
            src: '/mp/Blueming.mp3',
            poster: '../../images/7.jpg',
            name: 'Blueming',
            author:"李知恩",
            Album: 'Love Poem',
        },
    ]
```

**2. 音乐播放列表展示**

1）列表布局

（1）在 index.js 的 data 内初始化 audioList，并赋值为空数组。

实现代码如下：

```
Page ({
    data: {
        audioList: [],
    },
})
```

（2）在 index.wxml 文件内，使用 for 循环 audioList 数组，并使用 view、image、text 标签进行布局，展示专辑背景图、歌曲名字、歌手、专辑名字。

index.wxml 实现代码如下：

```
<view class="container">
    <view class="list">
        <view wx:for="{{audioList}}" class='item' wx:key="index">
            <image src="{{item.poster}}"></image>
            <view class="main">
                <view>
                    歌曲：{{item.name}}
                </view>
```

```
            <view class="author">
                <text>歌手：{{item.author}}</text>
                <text>专辑：{{item.author}}</text>
            </view>
        </view>
    </view>
</view>
```

（3）设置列表的样式。

先设置每组的统一样式，再设置每组的内部样式。让图片居左，文字在右，歌曲名字单独一行，歌手和专辑占一行，分别占剩余部分的 50%。

index.wxss 样式实现代码如下：

```
Page ({
    data: {
        audioList: [],
    },
})
.list {
    border-bottom: 1rpx solid #eee;
}
.item {
    border-top: 1rpx solid #eee;
    padding: 10rpx;
    font-size: 28rpx;
    display: flex;
}
.item image{
    width: 150rpx;
    height: 150rpx;
    margin-right: 20rpx;
}
.item .main{
    display: flex;
    flex-direction: column;
    justify-content: space-around;
```

```
    flex: 1;
}
.item .author{
    display: flex;
}
.item .author text{
    flex: 1;
}
```

2）获取列表数据

（1）把创建的 data.js 引入 index.js 中，注意引入路径。

实现代码如下：

```
import datas from "../../utils/data.js";
```

（2）把数据（datas）在刚进入页面的时候（onLoad 方法内）赋值给 audioList。

实现代码如下：

```
onLoad: function (options) {
    this.setData({
        audioList: datas
    })
},
```

3）实现页面跳转并传参

（1）在 index.wxml 的 class="item" 上绑定名字为"listClick"的点击事件，在其元素中使用 data-pos 绑定其 index。

实现代码如下：

```
<view wx:for="{{audioList}}" class='item' bindtap='listClick' data-pos='{{index}}' wx:key="index">
```

（2）在 index.js 中添加 listClick 的事件

在点击事件中有个参数为 e，通过 e.currentTarget.dataset.pos 就能获取 index.wxml 中绑

定的 data-pos 的值。在用户点击之后，使用 navigateTo 对页面进行跳转，并传 pos 的参数，这样，在详情页面通过 pos 的参数就能获取用户点击的具体数据。

index.js 的 listClick 代码如下：

```
listClick: function (e) {
    let pos = e.currentTarget.dataset.pos;
    wx.navigateTo ({
      url: '/pages/play/play?id=' + pos
    })
}
```

3. 播放页面的展示

1）UI 设计分析

播放页面效果如图 8-3 所示。

播放页面上面的三道杠图标，是为了让用户回到音乐列表页面；接下来展示播放的歌曲名字和歌手；中间类似 CD 形状的图形是专辑的封面；接着是播放进度展示、当前播放进度、总播放时长；最下面是"上一首""暂停/播放""下一首"的按钮，共四部分。

CD 形状的专辑封面在旋转的时候，音乐在播放。当音乐停止的时候，CD 的旋转也要停止。

图 8-3　播放页面

2）页面布局

（1）根据 UI 分析，先在 **play.wxml** 添加歌曲名 / 歌手名的布局。

实现代码如下：

```
<view class='background'>
    <view class='info'>
        <view>{{audioList[audioIndex].name||""}}</view>
        <view>{{audioList[audioIndex].author||""}}</view>
    </view>
</view>
```

（2）在 play.wxml 的 class="info" 的同级添加三道杠的布局和 **CD** 的布局。

实现代码如下：

```
<image class='list' src='/images/list.png'></image>
<image class='poster' mode="scaleToFill" src='{{audioList[audioIndex].poster}}'></image>
```

（3）在 play.wxml 的 class="poster" 的同级添加播放进度布局，使用 **slider** 标签实现播放进度的功能。

实现代码如下：

```
<view class='progress'>
        <text>{{progressText}}</text>\
        <slider class='bar' value="{{progress}}" step="1" min='0' max='{{duration}}'
    activeColor="#1aad19" block-size="12" block-color="#1aad19" />
        <text>{{durationText}}</text>
    </view>
```

（4）在 play.wxml 添加上一首、下一首、播放 / 暂停的布局，因为播放与暂停的图片不一样，需要根据是否播放的状态，设置不同的图片。

实现代码如下：

```
<view class='buttons'>
```

```
            <image class='button' src='/images/last.png'></image>
            <image class='button' src='{{playStatus?"/images/pause.png":"/images/play.png"}}'></image>
            <image class='button' src='/images/next.png'></image>
        </view>
```

3）页面样式设置

根据 UI 的展示设置页面的样式。并使用 CSS3 的 animation 和 keyframes 来完成 CD 旋转动画。

play.wxss 实现代码如下：

```css
.background {
    position: fixed;
    left: 0;
    top: 0;
    right: 0;
    bottom: 0;
    text-align: center;
    background: #f5f5f5;
}

.background .info{
    position: fixed;
    top: 140rpx;
    left: 0;
    right: 0;
    font-size: 12pt;
    color: #353535;
}

.background .list {
    position: fixed;
    right: 40rpx;
    top: 40rpx;
    width: 60rpx;
    height: 60rpx;
}
```

```css
.background .poster {
    width: 600rpx;
    height: 600rpx;
    border-radius: 50%;
    margin-top: 310rpx;
}
.rotate {
    animation: rotate 10s linear infinite;
}
.rotate-paused {
    animation: rotate 10s linear infinite;
    animation-play-state: paused;
}
@keyframes rotate {
    0% {
        transform: rotate (0deg);
    }
    50% {
        transform: rotate (180deg);
    }
    100% {
        transform: rotate (360deg);
    }
}
.progress {
    position: fixed;
    bottom: 90rpx;
    left: 50rpx;
    right: 50rpx;
    display: flex;
    align-items: center;
    font-size: 10pt;
    color: rgb (87, 49, 49);
    text-align: center;
}
.progress .bar {
    flex: 1;
}
```

```css
.progress text {
    flex-basis: 90rpx;
}

.buttons {
    position: fixed;
    bottom: 20rpx;
    left: 50rpx;
    right: 50rpx;
    display: flex;
    justify-content: space-around;
    align-items: center;
}

.buttons .button {
    width: 70rpx;
    height: 70rpx;
}
```

4）数据初始化

根据页面使用的数据，在 play.js 的 page.data 中进行初始化。

play.js 初始化代码如下：

```
Page({
    data: {
        playStatus: true,
        audioIndex: -1, // 如果直接播放则改为对应下标
        progress: 0,
        duration: 0,
        audioList: []
    },
})
```

4. 初始化播放器

1）引入音乐播放数据

（1）在 play.js 引入 data.js，并在刚进入页面的时候（onLoad 方法内），把 datas 赋值给 audioList。

play.js 实现代码如下：

```
import datas from "../../utils/data.js";
Page ({
    onLoad: function (options) {
      this.setData ({
        audioList: datas,
      })
    },
})
```

（2）由于播放器在很多的方法中使用，因此在 page.data 中先设置 music 用来接收初始化播放器方法的内容。

实现代码如下：

```
    data: {
  music: '',
  ...
}
```

2）初始化播放器

（1）在 play.js 中的 page.onLoad 方法内有参数 option，该参数就是播放列表中跳转到播放页面的参数值，参数的值就是需要播放的音乐是在音乐列表中的位置下标。

实现代码如下：

```
onLoad: function (options) {
    this.setData ({
        audioList: datas,
        audioIndex: options.id
    })
})
```

（2）在 play.js 的 onLoad 方法内最下面添加方法 this.playMusic ()，playMusic () 方法与 onLoad () 同级，在 playMusic 内部添加初始化播放器的内容。

实现代码如下：

```
playMusic: function () {
  let audio = this.data.audioList[this.data.audioIndex];
```

```
if (!this.data.music) {
    this.setData ({
        music: wx.createInnerAudioContext ()
    })
}
let music = this.data.music
music.title = audio.name || " 音频标题 ";
music.epname = audio.epname || " 专辑名称 ";
music.singer = audio.author || " 歌手名 ";
music.coverImgUrl = audio.poster;
music.src = audio.src;
}
music.play ()
```

（3）通过 wx.createInnerAudioContext () 的 API 得知，可以通过一些方法对播放器进行动作监听，因此可在 music.play () 下面，即 playMusic () 方法的内部添加 music 的监听，更改播放状态。

实现代码如下：

```
music.onPlay (function () {
    that.setData ({
        playStatus: true
    })
});
    music.onPause (function () {
        that.setData ({
            playStatus: false
        })
    });
    music.onEnded (function () {
        that.setData ({
            playStatus: false
        })
    });
```

3）设置播放进度

在点击播放的时候获取音乐的整体时长以及设置当前播放的时间和播放进度，在

music.onPlay 内添加方法 this.countTimeDown ()，该方法用于处理播放时间的问题。

实现代码如下：

```
countTimeDown: function (that, music, cancel) {
    var that = this
    var music = this.data.music
    if (that.data.playStatus) {
        setTimeout (function () {
            if (that.data.playStatus) {
                that.setData ({
                    progress: Math.ceil (music.currentTime),
                    progressText: that.formatTime (Math.ceil (music.currentTime)),
                    duration: Math.ceil (music.duration),
                    durationText: that.formatTime (Math.ceil (music.duration))
                })
                that.countTimeDown ();
            }
        }, 1000)
    }
},
formatTime: function (s) {
    let t = '';
    s = Math.floor (s);
    if (s > -1) {
        let min = Math.floor (s / 60) % 60;
        let sec = s % 60;
        if (min < 10) {
            t += "0";
        }
        t += min + ":";
        if (sec < 10) {
            t += "0";
        }
        t += sec;
    }
    return t;
}
```

formatTime 方法用于格式化时长处理，此时基本的播放功能已经实现。

**5. 播放器销毁**

1）返回列表页面

（1）在 play.wxml 中 class='list' 添加事件名为"pageChange"的点击事件。

实现代码如下：

```
<image class='list' bindtap='pageChange' src='/images/list.png'></image>
```

（2）在 play.js 中添加 pageChange 方法，用于回退到列表页面。

实现代码如下：

```
pageChange: function () {
    wx.navigateBack ()
},
```

2）销毁播放器

无论是用户点击标题栏上的回退，还是点击刚设置的回退到列表的功能时，都会发现从播放器页面到达播放列表页面后，音乐还在播放，再进到播放器页面后，会发现有两个音乐在同时播放，多次进入播放页面，就会产生更多的音乐在播放。因此需要在离开播放页面的时候就先把播放器销毁，进入播放页面的时候再创建播放器，这样多次进入播放页面也只会有一个音乐在播放了，所以需要在 play.js 的 onUnload 方法内对播放器进行销毁。

实现代码如下：

```
onUnload: function (){
    var music = this.data.music
    music.destroy ()
},
```

**6. 播放器暂停和播放**

在音乐播放的过程中，用户通过播放页面的"播放/暂停"按钮，对播放器进行播放或暂停控制。

（1）在 play.wxml 的 class='button' "播放/暂停"按钮中添加名字为"playOrpause"的点击事件，并根据是否在播放切换 image 引入对应的播放图片或暂停图片。

实现代码如下：

```
<image class='button' bindtap='playOrpause' src='{{playStatus?"/images/pause.png":"/images/play.png"}}'></image>
```

（2）在 play.js 中 data 的同级添加 playOrpause 方法，用来处理播放器是播放还是暂停。
实现代码如下：

```
playOrpause: function () {
    let music = this.data.music;
    if (this.data.playStatus) {
        music.pause ();
    } else {
        music.play ();
    }
},
```

（3）根据播放器的播放状态设置 play.wxml 中 CD 是否旋转。
实现代码如下：

```
<image class='poster {{playStatus?"rotate":"rotate-paused"}}' mode="scaleToFill" src='{{audioList[audioIndex].poster}}'></image>
```

### 7. 播放拖曳

（1）在 play.wxml 的 slider 标签上绑定事件名为 sliderChange 的事件 bindchanging 和 bindchange，用于获取用户在 slider 上面的拖拽事件。
实现代码如下：

```
<slider class='bar' bindchange="sliderChange" bindchanging="sliderChanging" value="{{progress}}" step="1" min='0' max='{{duration}}' activeColor="#1aad19" block-size="12" block-color="#1aad19" />
```

（2）在 play.js 中与 data 同级处添加名为"sliderChange"的方法，用于处理用户在 slider 上的拖曳行为，调用"music.seek"方法控制播放器播放用户拖曳后的位置。

实现代码如下：

```
sliderChange: function (e) {
   let music = this.data.music;
   music.pause ();
   music.seek (e.detail.value);
   this.setData ({
     progressText: this.formatTime (e.detail.value)
   })
   music.play ();
},
```

8.音乐播放切换控制

（1）在 play.wxml 的 class='button' 中为上一首和下一首的按钮分别添加名为"lastMusic"和"nextMusic"的点击事件。

实现代码如下：

```
<image class='button' bindtap='lastMusic' src='/images/last.png'></image>
<image class='button' bindtap='playOrpause' src='{{playStatus?"/images/pause.png":"/images/play.png"}}'></image>
<image class='button' bindtap='nextMusic' src='/images/next.png'></image>
```

（2）点击上一首或者下一首的按钮，是先把 audioIndex 下标进行减 1 或者加 1，然后把引用的数据都初始化为 0，再重新调用 this.playMusic () 初始化播放器的逻辑。在 play.js 中 data 的同级添加 lastMusic 和 nextMusic 方法。

实现代码如下：

```
lastMusic: function () {
    let audioIndex = this.data.audioIndex > 0 ? (this.data.audioIndex * 1 - 1) : this.data.audioList.length - 1;
    this.restore (audioIndex)
},
nextMusic: function () {
```

```
    let audioIndex = this.data.audioIndex < this.data.audioList.
length - 1 ? (this.data.audioIndex * 1 + 1) : 0;
    this.restore (audioIndex)
},
restore (audioIndex){
    this.setData ({
        audioIndex: audioIndex,
        playStatus: false,
        progress: 0,
        progressText: "00:00",
        durationText: "00:00"
    })
    let music = this.data.music
    music.pause ();
    this.playMusic ();
},
```

## 项目拓展

　　对该项目进行扩展，增加歌词显示功能，并根据用户对歌词的拖曳调整音乐的播放进度，或者根据用户拖曳音乐播放的进度来展示对应的歌词的处理，并对项目增加播放 **MV** 的功能，让项目实现类似 **QQ** 等主流播放器的功能。

# 参 考 文 献

［1］黑马程序员. 微信小程序开发实战［M］. 北京：人民邮电出版社，2019.

［2］熊普江，谢宇华. 小程序，巧应用 微信小程序开发实战[M]. 北京：机械工业出版社，2017.

# 参考文献

[1] 武瑞娟. 消费心理学与生活 [M]. 北京: 人民邮电出版社, 2016.
[2] 马亲民, 魏亚萍, 李彩莲. 消费心理学与消费行为 [M]. 4 版. 北京: 北京理工大学出版社, 2012.